Honor Your Anger
How Transforming Your Anger Style Can Change Your Life

与内心的自我对话

[英] 贝弗莉·恩格尔（Beverly Engel）◎著
余凌◎译

图书在版编目（CIP）数据

与内心的自我对话 /（英）贝弗莉·恩格尔著；余凌译 . -- 北京：北京联合出版公司，2021.6
ISBN 978-7-5596-4904-1

Ⅰ. ①与… Ⅱ. ①贝… ②余… Ⅲ. ①情绪—自我控制—通俗读物 Ⅳ. ①B842.6-49

中国版本图书馆 CIP 数据核字（2021）第 003166 号
北京市版权局著作权合同登记 图字：01-2021-1304

HONOR YOUR ANGER By BEVERLY ENGEL
Copyright: © 2004 BY BEVERLY ENGEL
This edition arranged with CLAUSEN, MAYS & TAHAN LITERARY AGENCY
Through BIG APPLE AGENCY, INC., LABUAN, MALAYSIA.
Simplified Chinese edition copyright:
2021 Beijing United Publishing Co.,Ltd
All rights reserved.

Simplified Chinese edition copyright © 2021 by Beijing United Publishing Co., Ltd.
All rights reserved.
本作品中文简体字版权由北京联合出版有限责任公司所有

与内心的自我对话

作　　者：[英] 贝弗莉·恩格尔（Beverly Engel）
译　　者：余　凌
出 品 人：赵红仕
出版监制：刘　凯　马春华
选题策划：联合低音
责任编辑：闻　静
封面设计：华夏视觉/李彦生
内文排版：聯合書莊

关注联合低音

北京联合出版公司出版
（北京市西城区德外大街 83 号楼 9 层　100088）
北京联合天畅文化传播公司发行
北京华联印刷有限公司印刷　新华书店经销
字数 171 千字　710 毫米 × 1000 毫米　1/32　9.5 印张
2021 年 6 月第 1 版　2021 年 6 月第 1 次印刷
ISBN 978-7-5596-4904-1
定价：48.00 元

版权所有，侵权必究
未经许可，不得以任何方式复制或抄袭本书部分或全部内容
本书若有质量问题，请与本公司图书销售中心联系调换。电话：（010）64258472-800

将此书献给与我共同寻求如何尊重自己的愤怒情绪并以健康的方式将其释放的人们。

目　录

致　谢 1
前　言 3

第一部分
改变你发泄愤怒的方式，改变你的生活 001

第一章　这将是你今生最大的改变之一 003
　　　　愤怒方式如何影响生活 007
　　　　为什么要尊重愤怒 009
　　　　愤怒是如何变成负面情绪的 012
第二章　确定自己的愤怒方式 019
　　　　愤怒的多种表达方式 022
　　　　外怒与内怒 023

平衡是目标 026

如何改变：跟着对方做 028

第三章　找出你的主要愤怒方式 031

沟通方式 031

攻击型模式 034

消极型或回避型模式 035

消极攻击型 036

投射攻击型 038

变化的愤怒模式 046

如何改变：收集别人的反馈 047

第四章　变奏曲：二级愤怒模式 048

攻击型的细分类别 049

消极型的细分类别 062

消极攻击型的细分类别 069

投射攻击型的细分类别 077

第二部分

改变你的愤怒模式 087

第五章　迈出改变的第一步 089

第一步：健康的愤怒 090

第二步：找到愤怒模式的根源 094

第三步：写下自己的愤怒自传 098

第四步：发现不健康愤怒模式遮盖下的感受 102

第五步：学习高效沟通，建立自信 107

第六步：学会减压技巧 111

第七步：学会管理愤怒 118

第八步：凡有郁结，先解心结 119

第九步：再问自己一遍，为什么想改变愤怒模式？相信自己可以做到 122

第六章　改善/改变攻击模式 124

第一步：找到控制攻击性冲动的方法 125

第二步：找到愤怒的诱因 134

第三步：确定哪些观念引发了愤怒 136

第四步：发现愤怒背后的情绪 138

第五步：找到控制愤怒的方法 143

第六步：找到防止愤怒积聚的方法（减压和放松） 150

第七步：继续未完成的工作　155

给攻击型愤怒模式的通用处方　159

给爆发型的具体建议　161

给暴怒型的具体建议　165

给控制型的具体建议　169

给责备型的具体建议　171

给施虐型的具体建议　174

第七章　从消极到自信　179

第一步：发现消极型愤怒的根源　180

第二步：克服对表达愤怒的恐惧　181

第三步：超越社会对女性顺从的期望　183

第四步：了解未发泄的怒气对自己和他人造成的伤害　187

第五步：学会坚定地表达愤怒　188

给消极型愤怒模式的通用处方　195

给否认型的具体建议　197

给逃避型的具体建议　204

给暴饮暴食型的具体建议　209

给自责型的具体建议　214

第八章　从消极攻击型到坚定型　220

第一步：承认你生气了　223

第二步：直面问题　224

第三步：发现消极攻击型模式的根源　225

第四步：接受自己的愤怒　226

第五步：学会坚定内心、直接表达愤懑　227

第六步：意识到爆发点在哪儿　229

第七步：不再把挫败他人作为目的　229

给消极攻击型愤怒模式的通用处方　231

给暗算者的具体建议　233

给逃避大师的具体建议　234

给闷声闷气者的具体建议　234

给伪装者的具体建议　236

第九章　改变投射攻击型风格　237

第一步：寻找有关愤怒的负面观念的起源　238

第二步：转变旧的观念　239

第三步：收回投射到别人身上的情绪　240

第四步：承认并接受自己的愤怒　243

给腹语者的具体建议　244

给无辜受害者的具体建议　248

给"怒气磁石"类型的具体建议　251

第三部分
勇往直前 253

第十章　尊重他人的愤怒 255
　　聆听的重要性 256
　　学会公平斗争 257
　　道歉的力量 259
　　通用处方：如果对方是攻击型 260
　　具体建议：如果对方是爆发型 261
　　具体建议：如果对方是责备型 262
　　具体建议：如果对方是消极型 263
　　具体建议：如果对方是消极攻击型 264
　　具体建议：如果对方是腹语者 266

第十一章　超越愤怒 267
　　　为什么仍然愤怒 269
　　　为什么宽恕很重要 270

后　记 273
参考文献 275
延伸阅读 281

致　谢

衷心感谢约翰·威利父子出版社编辑蒂姆·米勒（Tim Miller）给予我的诸多支持以及对本书进行的专业编辑。能寻得此等天才编辑并得到其信任是我的幸运。同时也感谢我的代理商斯特德曼·梅斯（Stedman Mays）和玛丽·塔汉（Mary Tahan），他们的才能、勤勉、正直和热情给我留下了深刻的印象。

感谢所有与我分享个人经历的人们。你们的经历让其他人受惠良多。

在我研究愤怒情绪的这些年间，我向不同的人学习，向不同的观点请教。其中最要感谢的是威廉·赖希（Wilhelm Reich）和亚历山大·罗文（Alexander Lowen）的著作，让我明白愤怒会影响身心；还有生物能疗法与基数研究所的查克·凯利（Chuck Kelly）的著作，教会我要尊重愤怒情绪。我还从劳伦斯·莱尚博士（Dr. Lawrence Leshan）、史密斯（Manual J.Smith）、罗伯特·艾伯蒂（Robert E.Alberti）的工作成果中获益匪浅。我从很多方面学习了冲突解决方案,尤其是阿诺德·明德尔(Arnold Mindell)的著作给了我很多启发。同时还要感谢实质正义组织提供的高水平的恢复性正义[1]辅导者培训。

很乐意能收到各位读者的问题和反馈。不妨发送电子邮件至 beverly@beverlyengel.com。

---

[1] 与惩罚性正义相对应的恢复性正义强调对被害人、犯罪人进行修复和赔偿,认为对罪犯的正确方式不是报应和惩罚,而是修复因犯罪而造成的各种伤害。——译注

前　言

关于愤怒，每个人都能讲出自己的经历和担忧。有些人无法管理失控的愤怒或正视压抑的怒火，需要得到我们的帮助。有人迁怒于无辜之人，亦有人拿自己出气。他们不敢直面激怒他们的人，转而对自己进行某种程度上的施暴——暴饮暴食，吸烟、喝酒甚至吸毒，或用自我批评对自己进行持续否定。还有些人假装不生气，却常常背地里间接地报复，比如散播闲言碎语，对人尖酸刻薄，或与对方疏远开来。

如果不能健康地生气和出气，这股怒火将自寻出路，造成大家不愿看到的结果。除非驾驭愤怒，否则它会破坏自己和周围的人的生活。

愤怒和冲突一样无法避免，但很多人却把"不生气"作为情绪健康或境界提升的最重要指征。在本书中你可不会看到这样的论调。本书将告诉你如何拥抱愤怒、欢迎愤怒，并告诉你一切有关愤怒的知识——唯有了解，方可驾驭。对绝大多数人而言，愤怒不会因为我们不理会它或否认它的存在就奇迹般地凭空消失。它要么化脓溃烂，日益增强；要么变异扭曲成另一种难以辨认的形式。

愤怒是一种必要且重要的情绪。它是一个信号，表明我们的人际关系、生活环境或自身内部出现了某种问题。如果忽视这个信号，等于将自己和其他情绪隔离开来。不幸的是，虽然当今社会在很多方面已相当宽松，比如性，但对愤怒的包容度却并不比我们父辈那一代好多少。事实上，或许我们可以比父辈们更自由地表达激情、温柔或恐惧，但对愤怒的容忍度却是在降低。

愤怒可以给世界带来极大的变革。它能促使人以摧枯拉朽之势铲除社会不公，用新的架构和体制取代腐朽与无能。它能赋予受迫害之人力量，使他们勇于反抗压迫，逃离残暴社会，凭自己的力量奋力拼搏。

愤怒也可以带来毁灭。它可能是战争、家庭不和和离婚的幕后黑手。几句气话足以斩断最紧密的纽带。童年时期被压制的怒气会逐渐在心中生成丑陋的魔头，让平日最有爱心的父母也能对宝贝子女一顿劈头盖脸的猛烈训斥。于是一代代辱骂子女的恶性循环就此开始。如果你用自责和羞愧的方式将怒气导向自己，你的自尊将被极大摧毁，骄傲、主动和自信荡然无存。压抑数年的怒火会在体内不断溃烂，最后破坏性地爆发出来——严重时会让一个人去伤人甚至杀人。你或许会想，既然愤怒有如此强大的正反两面，我们都应该对此强加学习，从孩提时代起就应接受正确疏导和表达愤怒的教育。不幸的是，事实却并非如此。正如不能在他人面前展露诸如害怕、痛苦、自责、嫉妒等负面情绪一样，我们同样不能表达出愤怒之情。没人引导我们正确处理并表达愤怒，没人告诉我们愤怒也有好的一面——它可以改变现状，甚至改变世界；我们听到的只是片面之词——愤怒是不好的，得尽量避免，有了气也忍着别发。我们就像试图引起父母和兄长注意的孩童，通过压制自己的愤怒表达我们的顺从。这样做唯一的后果就是使得原本健康的愤怒情绪变成有害情绪。

本书讲的即是压抑或不当地发泄怒火会有怎样的后果以及这些不健康的愤怒会如何影响自己和身边人的生活。

本书为那些无法合理发泄怒气的人提供了大量富有创新性的实用办法，让他们可以更好地控制情绪，更好地生活。但随着侵害和暴力在家庭、校园和街头不断发生，仅仅掌握控制愤怒的技巧还远远不够。需要进一步挖掘深藏于愤怒表象之下的痛苦和羞耻；而对那些任由暴力在眼前发生却无动于衷、袖手旁观之人，他们的愤怒模式同样存有很大的问题，这些问题均亟须解决。若你出于害怕或节制等原因将愤怒深藏，本书可助你安全地宣泄愤恨，勇敢为自己和孩子们站出来。

要了解情绪管理的正确方式，需要挖掘隐藏在发怒或拒绝发怒背后的核心情感。本书为身陷怒火和自责不能自拔的读者提供了行动纲要，使他们可以更深层次地剖析原因，克服困难。

在学会健康、平衡地处理情绪的基础上，还需要学会如何战胜愤怒。沉迷于过往的怒火，反复想象复仇的快感，抑或将自己与他人隔离开来，均不可取；正确的做法是变愤怒为动力。在本书中，读者将学习如何有效地与人沟通愤怒情绪，以及在平衡各方需求的前提下解决争端。

本书与其他同类书籍的不同

目前我们能找到不少关于愤怒情绪的书籍，大多专注于帮助情绪失控或暴躁之人控制情绪或找到正确的发泄途径。诚然，此类人群给自己、旁人和社会带来了诸多问题，但那些无法表达愤怒的人——不论是出于对后果的恐惧，还是从未真正认识过自己——其问题同样严重。本书提出一个颇有争议的论点：压抑怒火对人际关系和社会的危害，与不当释放怒火一样严重。

众所周知，我们的文化中对暴力——校园暴力、职场暴力、帮派暴力、家庭暴力和暴力犯罪——的看法一直有很大问题，愤怒和狂暴是上述暴力的核心。与学校和企业里的冲突解决课程一样，情绪管理如今也已跨入百万美元产业。公司动辄花费数百万美元，为员工提供情绪管理课程；而那些将愤怒压在心中的人却总是被忽略。有些书建议妇女适当发泄愤怒，可使自己变得果断而自信；却鲜有作品指出压抑怒气，不论男女，会招致更多的暴力，让自己成为他人发泄的对象。

本书内容并非愤怒情绪管理，而是深入分析愤怒如何影响甚至塑造我们的生活。本书鼓励读者审视内心，挖掘愤怒之源；让读者诚实地评价处于怒气中的自己，同时为读者提供如何看待并处理愤怒的全新视角。

我为什么要写这本书

我对愤怒问题感兴趣已经很久了。多年来，我一直在研究愤怒，一边与自己内心的愤怒做斗争，一边观察来访者。我注意到愤怒与其他情绪紧密相关——愤怒可以掩饰脆弱和痛苦，有些人通过发泄愤怒才能触及隐藏的痛苦，有些人通过感知痛苦才能触及隐藏的愤怒。我注意到羞耻感常会触发愤怒，而我们发泄愤怒的方式也有可能带来羞耻感。我注意到不少人害怕自己的怒气，还有些人似乎没意识到自己的怒火让周遭的人感到害怕。

我对愤怒了解甚深，一部分来源于作为心理治疗师的实践，一部分源自我自己的亲身经历。我在二十几岁时陷入重度抑郁，第一次去寻求心理帮助。我可以哭上好几个小时，不敢跨出家门。那时的我绝望又无助。

小时候我曾遭受性虐待，老实说我已迈过那道坎。在接受心理治疗期间我发现自己非常憎恨施暴者，也对极端情绪化、对我不闻不问的母亲十分厌恶。我的愤恨之情如此巨大，带着强烈的威胁性，连我自己都不敢轻易触及，更毋说宣泄出来。我选择通过酗酒、暴食和纵欲来压制这一切。我让男人们在我身上得逞的同时，也将对施暴者和母亲的那份愤怒发泄到男人们身上，我变得无比苛刻和多疑，总是责难对方。

在经过支持性心理治疗师的多年治疗后，我终于可以正视并尊重自己的愤怒——虽然那时我仍羞于在她面前宣泄情感。我试着躲在她看不见的沙发背后，像她的其他客户那样用有泡沫包裹的球棒安全地发泄一二。但也不成功。最后我开始尝试用新赖奇疗法（Neo-Reichian therapy，一种重视通过身体动作缓解心理压力的疗法）战胜愤怒带来的恐惧和羞耻，希望找到一条健康的发泄之道。我感受到了支持的力量，学会了让我能够接近深藏于内心深处、已折磨我多年的愤怒之源的技能。这段经历赋予了我力量，让我甩掉了受害者心理这个沉重的负担。

在那之后，我和很多有类似经历的人一样，感觉自己重新充满了力量，发誓绝不再当受害者。我开始用恶劣的态度对待周边的人。由于仍然感到无法控制自己，我的控制欲变得极强。我依然酗酒，每次酒后都对朋友们恶语相向，不断重复同样的牢骚。本质上，我已跟母亲无异。于是我不得不继续接受新一轮治疗，只求与心中的魔障达成协议。这次治疗的重点是羞耻与阴影，或者叫阴暗面——我们大多否认自己有阴暗面，否则将显得不完美。

本书所谈及的所有发怒方式，我都曾亲身经历。要么乱发脾气，要么迁怒他人；在一段关系中，我既是施暴者又是受害方。但我选择了直面问题，而不是逃避或躲闪。最终我发现有一种愤怒方式能让人变得坚定而自信，远离控制欲或侵略性。我明白了何时该发火，何时则应忍耐。我学会了预测愤怒，以及在情绪压抑和人际关系紧张时精确定位"怒点"所在。对怒火的积极管理已成为迄今为止我最了不起的个人成就之一。如今的我，不会因为愤怒而咄咄逼人，也不会容忍别人这样对我。发火的频率比以前低了不少，而实在需要爆发时，我会用适当的方式去感知和疏通自己的怒气。最重要的是，我从发怒中学习了不少东西。我学着捕捉怒火试图告诉我的信息——或关于自己，或关于环境，或关于他人。我学着思考是什么导致了人际关系冲突，又该如何避免类似情况再次发生。

一言以蔽之，愤怒让我获益匪浅。它使我远离消极的人际圈，成为推动我成功的动力。在最艰难的反对儿童性虐待的斗争中，于公于私，它都帮了大忙。从虐童到环保，它赋予我勇于直面所有问题的力量。

同时我发现，一旦学会了疏导愤怒使之成为积极的力量，我之前那些曾误伤亲朋或自我毁灭的怒火，如今也转变成一股积极的能量，给我以启迪和洞察力。我还发现只要鼓起勇气正视自己是如何伤害别人的，愤怒便会慢慢消失，也能原谅那些伤害过我的人。鉴于我在这方面的大量实践、研究以及多年来的咨询经历，我相信有太多东西可以和大家分享。我相信关于愤怒，我有独到的见解，有些发现当属首创。

在本书中你会发现，即便是那些有侵略性行为的人，我也不会试图向他们说教。相反，我认为他们值得怜悯与同情，我会和他们分享自己与愤怒作斗争的经历。这将让他们能够直视问题，认清自己的愤怒给别人带去了怎样的伤害，然后鼓起勇气改变不健康的行为，勇往直前。

第一部分

⌵

改变你发泄愤怒的方式，
改变你的生活

第一章

这将是你今生最大的改变之一

劳丽不明白为什么自己会如此频繁地发脾气。这一刻阳光灿烂，下一秒则暴雨倾盆。她把周遭都得罪了，自己却浑然不觉。风暴只持续短短几分钟便会毫无来由地消停下来。

丽贝卡似乎从不发火。亲朋好友都诧异于她的冷静——哪怕丈夫卡尔对她大吼大叫，她也无所谓。但她有自己的报复方式，比如时不时把漂白剂洒到卡尔最喜欢的衬衫上，在卡尔的老板召集的重要派对当天忘了去干洗店取他的西装，或者经常忘记告诉卡尔他母亲来过电话。

马克斯常对孩子发火。只要他们做错事，比如把果汁儿洒在新地毯上，他就会猛烈训斥并用力摇晃孩子。事后他会感到沮丧，但就是不能控制自己。

洛奇对批评十分敏感。只要妻子的话中含有一丝最轻微的批评的意思，他就坐不住了。她敢这么跟我说话！必须收拾她！他可以一连咆哮几小时，要让妻子为伤害了他付出相应的代价！在任何人看来，洛奇的做法都太过火了，但他却认为老婆活该。

玛茜不仅害怕自己会发火，也担心周围的人对她发火。她的口头禅是"别发火""别生气，我今天会迟到几分钟""请别发火，之前说要陪你去的，但去不了了这次"。

塔娜不知道自己在生气。她很久前便开始用食物避免情绪波动，以至于现在完全感知不到自己的喜怒了。

史蒂芬用自己的愤怒去控制别人。一旦事情没按自己的想法来，他会立马爆发，大家都怕他。

珍妮是甜美的化身。她对自己的好脾气和好人缘颇感自豪。但在微笑和好话背后，却暗藏冷嘲热讽。珍妮的脾气没想象的那么好。

罗杰一旦遇到不顺便立马怪罪别人，并辩解称"我是被逼的"。虽然大家都再清楚不过他的缺点赖不得别人，他却总认为自己才是受害者。

凯特时常责备自己。有人对她发脾气时，她不还口，默默接受。她为让别人失望而懊恼并常常自言自语，尖锐地训斥自己。

丽莉总觉得别人在生她的气——其实压根儿没人生气。她无法从"她是不是在生我的气"的持续忧虑中解脱。如果朋友或家人表现出一丁点儿心不在焉，她就会问："你生气了？"不管别人怎么解释，她都不相信，直到自己一遍一遍的追问彻底惹恼了对方。

所有这些人都有着不健康的愤懑模式，影响了自己和周围人的生活。愤怒是一种正常而健康的情绪，但当你以破坏性的、邪恶的方式发泄出来，或者憋在心里，用别人的批评与谩骂攻击自己，那愤怒就会变成一种非常负面的情绪。

很多人觉得自己的情绪问题——或者叫不健康的发怒方式，其实就是坏脾气，是无法控制自己的怒火。但上述例子说明，不健康的愤怒情绪各有不同。有些人过于频繁地发飙，或者以自己的愤怒去控制、操纵周围的人。有些人则相反，不断压抑情绪，直到火山爆发，不可收拾。本书将会告诉你，愤怒情绪的极端化有可能导致严重的后果。

毫无疑问，以错误的方式对待愤怒情绪已成为当今社会的普遍问题。虐童案、路怒症不断增多，体育暴力呈井喷状态势，除了曲棍球和足球流氓，棒球迷们也没闲着。所以，很多人得在别人帮助下才能试着学习控制情绪。但还有另一种情况：学习如何表达愤怒，即合理释放怒火，而不伤及自己，不伤及家人朋友，不会因怒气而扭曲对他人的看法。

愤怒是一种复杂的情绪。有些人看似脾气不错，实则"病得不轻"。若有下列情况出现，则须注意：

- 你因愤怒伤害他人；
- 你因愤怒伤害自己；

- 允许别人因为愤怒伤害你；
- 害怕表达愤怒；
- 从不发火；
- 被愤怒控制，对某事或某人既无法原谅又无法忘记；
- 偷偷报复某人，而不正面冲突或直言相告；
- 长时间生气；
- 一旦生气，情绪便失控；
- 经常出现的消极情绪、时常批评和责备他人，已经对你自身、家庭、朋友和同事产生负面影响；
- 你发泄愤怒的方式让自己感到绝望和无助；
- 你发泄（或压抑）愤怒的方式已经让自己的工作或职业岌岌可危；
- 不明白为什么会突然生气；
- 错误地宣泄愤怒（把火发到无辜者身上）；
- 体内的怒火正一点一点将你吃掉；
- 不断和脾气暴躁、控制欲强、出言不逊之人为伍；
- 允许别人发怒时对自己进行言语或人身攻击；
- 允许别人发怒时对自己的孩子进行言语或人身攻击。

若出现上述任何一种情况，本书将帮助你找到解决之道。你将学到如何更健康地对待自己和他人的愤怒。你将学习健康的、足以改变一生的发怒方式。我会鼓励你尝试、练习一种与之前完全不同的对待愤怒的全新方法。刚开始你会感觉在扮演一个让自己不舒服的角色。但唯有跳出舒适区，方可做出实质的、持久的改变。每个喜欢对别人评头论足的人心里都住着一个害怕被别人评头论足的人；每个消极躲避、畏首畏尾的人心底都有一个怒气难耐的人。

愤怒方式如何影响生活

愤怒方式是指一个人处理其怒气的习惯方式。或许你会根据具体场合采用不同方式管理情绪，但多数人已形成某个固定模式。不管是对配偶和孩子发火，还是开车上路时路怒症爆发，愤怒的确影响着你生活的各个方面。你处理和表达愤怒的方式将你整个人完整展现在世人面前。它决定了你的人格和人际关系，影响着你的健康甚至价值观。遗憾的是，大多数人没有意识到愤怒会改变甚至塑造他们的人生，低估了愤怒的力量。愤怒可以驱使人们为改变自己和他人的命运而努力，也可以让人身心俱损；愤怒能赋予人力量与生机，亦可让人生气全无，众叛亲离。对待愤怒的方式关系到一个人的身心健康和自尊自信，甚至影响人们自我保护的能力。愤怒能以令人吃惊且难以理解的方式影响人们的生活。它不仅能决定一个人在面对压力、痛苦或挑衅时如何应对，还会影响择偶、恋爱、育儿，甚至男女关系中的容忍度和性表现，就连工作表现和同事关系也与之颇有关联。

如果一个人宣泄愤怒的方式是责难、发怒或将气撒在弱小的人身上，他选择的配偶多半是习惯隐忍怒气或他人指责，转而自责的人；相反，如果一个人习惯隐忍愤怒或不敢发怒，他常会被那些能自由表达愤怒的人所吸引，哪怕这个人做得有点过头，感觉就像是自己被压抑的怒火通过对方宣泄出去一般。

当孩子们让你失望，犯了错误或拒绝改进时，你的愤怒方式决定了你会怎么做。控制型的人会狠狠地惩罚孩子，而被动攻击型则会选择冷战，通过沉默或减少关爱等方式以示惩戒。在成人关系中敢怒不敢言的人或许会将怒火撒在孩子身上，要么是觉得小孩的威胁性较小，要么是因为孩子对长辈的爱是无条件的。

除了家里，控制型和轻易动怒的人在职场上也是麻烦不断，比如被炒鱿鱼，错失升职良机，被同事忌惮或怨恨等。而那些不敢发怒的消极型，则容易被同事和上司欺负。他们过于谨小慎微，能力无法充分施展。在同事眼中，这种人工作缺乏主动性，能力不足，不能委以重任。结果往往成了同事们"踢皮球"的替罪羊。压抑愤怒有损创造力和主动性。

咄咄逼人或控制型的人容易忽视配偶的情感需求。若配偶不在状态，不想亲热，他们会霸王硬上弓；对方若反抗将会遭到严厉斥责。有的人甚至实施婚内强奸。那些意识不到自己内心的愤怒情绪的配偶可能会忍受这种暴行长达数年之久，同时日益变得性冷淡。很少有妇女在受到丈夫责骂后还有性欲。女人在做爱前需要有脆弱感和信任感，而遭到言语或肢体攻击后，这些感受荡然无存。

被动攻击型的人常用性行为来报复配偶的轻蔑——有时这种轻蔑不过是自己的臆想而已。比如假装头疼或其他不舒服症状以避开性行为；或出现性功能障碍，如男人阳痿早泄，女人性交疼痛、无法高潮等。

▷▷▶**小练习：愤怒方式如何影响着你的生活？**

1. 虽然现阶段你尚不清楚自己的愤怒方式是什么，认真想一想你对待愤怒的方式是怎样影响你的生活的。
2. 列一个表格，写下目前你处理愤怒的方式给你的身体、情绪和行为带来了哪些不良影响。

为什么要尊重愤怒

愤怒和其他情绪一样，是人类生理和心理的防御措施。生理方面，愤怒是人体应对内部或外部要求、威胁、压力时的应激反应，它提醒我们有问题或潜在威胁存在。与此同时，它激励我们面对问题，处理威胁，赋予我们克服困难的力量。所以愤怒既是报警系统又是救援机制。

人感知到威胁时的第一反应是害怕。生死攸关之际，神经系统会驱使人体提升防御措施来应对威胁。该防御机制内建于自主神经系统中的交感神经系统，受肾上腺素所激发。肾上腺素为人体注入能量，带来战胜敌人所需的力量和耐力或让人在逃命时跑得更快。这种无意识的生理冲动被称为"战或逃反应"，广泛存在于所有动物身上。

虽然不是什么生死之战，我们时常从别人的动作或言语中感觉到威胁；能感知到有东西在威胁我们的情绪健康。当有人出言不逊伤害到我们（或我们关心的人），我们自然会生气。

愤怒能帮我们维护权益，也因此具备了道德和伦理意义。《兰登书屋英语词典》对愤怒的解释是"一种受他方不当行为或被认为不当的行为激发的不满、挑衅的强烈情绪"。发怒的人通常强烈地认为自己遭到不公正待遇，受到伤害和（或）被侵犯。

由于愤怒时常错误地与暴力联系在一起，使得它名声不大好。但事实上，《怒火管理：完全实用指南》（Anger Management: The Treatment Guide for Practice）一书的作者之一霍华德·卡西洛博士（Howard Kassinove, Ph. D.）认为，大约只有10%的愤怒会演变成攻击行为。正确对待愤怒，愤怒会帮我们重塑自信与声望，夺回人生的主动权；助我们走出情绪低谷，找回幸福的感觉。

"积极的愤怒"这一概念目前不断获得实证支持。有证据表明愤怒或许对健康有益。专家称积极的愤怒有益于亲密关系，能改善同事间的互动和政治表达，比如2001年"9·11"事件后公众对恐怖袭击的反应。社会心理学家詹妮弗·勒纳博士（Jennifer Lerner, Ph. D.）、罗克珊娜·冈萨雷斯（Roxana Gonzalez）、黛博拉·斯莫尔（Deborah Small）和卡内基梅隆大学的巴鲁克·菲施霍夫博士（Baruch Fischoff, Ph. D.）在《心理科学》发表论文称，研究发现"9·11"事件发生后愤怒起到了鼓舞士气的作用。该项研究的第一部分始于袭击发生9天后，收集了1786人的代表性样本的基线数据——样本人群对恐怖袭击的感受及其焦虑、压力和复仇欲的程度。研究的第二部分在袭击发生两个月后开展，从样本人群中随机抽取973人分为"害怕"和"愤怒"两组。在"愤怒"组，人们可以充分描述恐怖袭击后自己有多么愤怒，并观看和收听容易激发愤怒情绪的照片和音频。最后发现，关于25个潜在的恐怖袭击风险，"愤怒"组给出的评估比"害怕"组更乐观——事后证明也更符合实际情况。在类似情境中，愤怒或许对人有益，因为它让人更有掌控感。

你的愤怒或是一个信号，提醒你忽视了某个重要的郁结；或是一则信息，告诉你自身的需求尚未得到满足；又或是一次警告，警醒你在一段关系中付出太多，在价值观和信仰方面妥协太大。

愤怒是如何变成负面情绪的

愤怒既不是积极情绪也不是消极情绪,如何对待愤怒才有积极或消极之分。比如人们以愤怒为动力,拼命改变生活,改变陈腐的体制,愤怒就是非常正面的能量;反之,以攻击性或消极攻击性(比如报复或散布流言)的方式发泄怒气,愤怒就变成负面的情绪。下列对待愤怒的方式给发怒者和承受者都带来了很多问题。

不分对象地发泄

愤怒是一个信号,提醒人们有些地方出了错。很少有人愿意花时间找出症结所在,而是简单地拿身边人发泄,即不分对象乱发脾气。其实所有人都会有意无意地这样做。如果老板斥责你迟到,你就转而朝同事大呼小叫;丈夫批评你不会管账,你就朝女儿发火怪她煲电话粥。我们需要抑制这种倾向,同时向伤害过的人道歉。一旦形成转移发怒对象这一习惯,不断避免与应该正面冲突的人冲突而将怒气发在无辜之人身上,那就是一个问题了。

强忍怒气

把原本应该对某人发的火压下来,转而对自己发难,同样很不健康。比如有人批评你或污蔑你,你怎么做?是否应该保持沉默,觉得对方是对的,然后自责?还是应该生气地直接告诉对方"少给老子来这套"?若他所说非实,你会用真相回击还是自我怀疑,相信他的鬼话?类似情况中,强忍怒气是下下选。

动　粗

动粗是将怒气以攻击性的、充满敌意的或不恰当的方式发泄在对方身上。例如朝对方大喊大叫、骂人、摔东西、拉扯或暴揍某人都是以动粗的方式发泄愤怒。言语和精神攻击(叫喊、骂人、侮辱、讥讽或嘲弄)与肢体攻击一样危险,最后也常发展为肢体攻击。

很多人表达愤怒的唯一方式就是攻击或侮辱对方。"使用攻击性的语言"(诸如"狗娘养的"或"看我打不死你")和"表达愤怒之情"(比如"我对你很生气,不知道该怎么对你")有很大区别。

动粗有多种形式,还包括"冷处理"、蔑视、白眼和威胁抛弃对方。

持续生气

生气应该是一个暂时性行为,在问题解决后就该停止。遗憾的是,很多人抓住愤怒不放手,不断强化对另一个人的怨恨甚至仇恨;或通过冒犯对方达到惩罚的目的。一个情绪健康的人不仅应学会用一种大家可以理解的方式表达愤怒，还要学着放手和原谅。

用愤怒遮盖其他情绪

虽然愤怒是生活出错的信号灯，但有时我们发火仅仅是为了逃避其他情绪，比如恐惧、忧伤、愧疚或羞耻。当一段关系宣告结束时，你可能会选择朝甩了你的那位发怒来掩饰内心的悲凉和哀怨；开朋友的车却撞了，你可能会责怪他让你分心，以此减轻负罪感。很多人愤怒是因为害怕。他们行事硬派，这样便不必正视内心的恐惧，不会将自己的脆弱暴露人前。

用愤怒逃避亲密

有些人生气或挑起争执是为了与人拉开距离。比如你和爱人很长时间都待在一起，开始觉得厌烦了。你不想承认这一事实，也不愿跟对方开口要一点私人空间，于是小题大做，朝他发火。因为这样你就为自己离开找到了合理的理由。他打电话来，你则说最好大家都冷静几天。其实不过是自己想要一点私人空间罢了。

深陷不健康的发怒方式或防卫策略不能自拔

虽然每个人都或多或少地通过不健康的方式对待愤怒，但有些人深陷其中无法纠正。比如遇事就逃避的人往往会忽略愤怒试图传达给他的信号；喜欢责怪别人的人会一直生气，就是迈不过那道坎；脾气暴虐的人总是不能——也无法——温和地表达情感。

一旦深陷不健康的发怒方式，你会很难适应环境。那份固执会强迫你用同样的方式一遍又一遍地对待问题，哪怕你已经因此吃了亏。而若能根据环境对发怒方式予以调整，不仅可以做到适者生存，还能和左右搞好关系。

改变发怒方式将成为你一生中最重要的一次变革。事实上，这真的可以改变你的人生。听上去似乎有些言过其实？从多年来找我咨询的客户和我自身的经历来看，所言却一点不虚。有些客户由于无法控制自己的情绪，当时几乎毁掉自己和家人的生活。他们最终找到了控制脾气的途径，不再伤害家人；而那些无法坚定表达内心愤懑，导致生活在压抑之中的人，最后勇于站直腰杆，拒绝再当任何人的出气筒。

我在之前几本书以及本书前言部分曾提过，自己小时候曾遭遇精神摧残和性虐待，成长过程伴随着羞耻感。那份羞耻是如此巨大，以至在我长大成人后每当感觉被人批评、侮辱或排斥时，我就猛烈地朝对方发火。我可以大骂他几个小时，试图让他也有同样的羞耻感。后来我试着离对方远一些，愤怒便会"受到干扰"。最后我改正了这个毁灭性的行为。我学会了在发怒时中断一点时间，让怒气自然溜走，用这点时间和空间认真感知自己，找出发火的源头，然后回到对方面前，冷静、客观地与对方讲讲道理。虽然有许多不恰当的言行，与很多朋友闹分裂，但我没有因此增加羞耻感，反而试着和朋友讨论我的羞耻感。于是便避免了再次与人起冲突或发飙。这只是我通过改变发怒方式让生活得以改观的例子之一。

与其让情绪失控而伤害周围的人，不如试着找出让你发火的原因，然后用正确的方式面对；与其让自己成为别人愤怒的牺牲品，不如直面自己不敢发火的原因，然后奋力保护自己。不妨学会承认自己也有脾气，坚定地站出来为自己辩解；而不要表面上默不出声背地里盘算如何报复对方，或一遍遍想着对方说的过分的话，最后忍无可忍脾气大爆发。与其用愤怒控制对方，不如找个健康的办法表达自己的需求；与其把怒气撒在爱人和孩子身上，不如认真想一想：是在生老板的气？生父母的气？还是生曾经的恋人的气？学着区分一下，哪些事情是自己需要负责的，哪些是与己无关的，对于后者可以不予理会。

改变发怒方式可以让你更好地应对家人的怒火。夫妻共读此书，可以学到如何更健康地处理冲突和表达情绪。父母阅读此书，可以学习科学地表达愤怒和给孩子设置规矩，而不会让孩子有被控制或成为父母出气筒的不良感受；同时还能更好地面对子女发脾气。和父母沟通有困难的孩子阅读此书，可以学到如何面对有控制欲、随意对子女发脾气的父母，如何用父母较能接受的方法表达自己的意愿和需求。

当你不再是愤怒的奴隶，就会发现原来可以用健康的方法和开放的态度表达情绪，表达爱与欢悦。你会找回快乐的自己，找回有尊严的自己。你会发现自己不愿再容忍他人或自己那些难以接受的行为。你会感到人生充满活力与创造力。那些浪费在发火上的能量将被用来做正事。那些曾在别人的愤怒中抬不起头甚至自我否定的人会发现一下子轻松了不少，情绪也乐观起来。那些曾经否认自己有怒火的人能找到健康的发泄途径，比如绘画、写作或表演等极富创造力的活动。或有人还能将正义的愤怒转变为政治变革。那些长期压抑未老先衰的人能甩掉过去压在心头的桎梏，感觉变年轻了，有活力了。那些长年过着压抑的生活甚至遭受家暴的人可以脱离苦海，发现有更健康的伴侣在等待他们。

　　变不健康的愤怒方式为健康的情绪发泄有利于身体健康。有证据显示男性心血管疾病与不健康地发泄愤怒情绪（污言秽语、野蛮无理、纡尊降贵）有关联。最新研究表明女性也未能幸免。压抑怒气或轻易发火的女性容易头痛、胃痛、哮喘、关节炎、血压升高、失眠、背痛和肥胖。一辈子只发了一两次火的妇女和经常发火的妇女患乳腺癌的比例较其他人更高。

　　你或许认为大多数人都能意识到自身不健康的发怒方式及其负面影响。事实并非如此。愤怒方式通常是习惯性的，无意识的，由童年经历所决定。其他人或许一眼就能看出你的问题，但你自己却总是看不见。我们或许能指出家人朋友存在哪些不健康的愤怒方式，却无法看清自己的问题。这本书将通过若干问题和练习题找出你的愤怒方式，为你更好地调整自己的愤怒方式提供参考，进而控制你的愤怒情绪和整个人生。

第二章

确定自己的愤怒方式

愤怒方式是指你倾向于以何种方式体验、处理、表达和传达怒气,其核心就是当你生气时,你作何感受,有何回应。要确定自己的愤怒方式,你必须调整"频率",细细感受身体的反应,认真观察自己在生气时的做法。

首先看看肉体对愤怒的体验。愤怒在一些人身上是一种让其无法动弹的强大压力。短短数秒内,他们肢体紧绷,浑身发热,怒气一触即发。还有一些人却没什么感觉,其实是气得什么都感受不到——感受不到愤怒在体内不断积聚的过程。一瞬间便能爆发,朝对方尖叫、大喊,或推搡甚至殴打对方。还有人把愤怒当作一堵假想的墙,将自己和伤害自己的那些人隔绝开。

有些人甚至不知道自己在生气。他们识别不了身体发出的信号。如果无法知晓自己在生气,便无法在爆发前让它"短路"。如果忽视身体发出的愤怒信号,哪怕周围的人都看出来你在生气，而你自己却浑然不知。尽管存在个体差异，但人在生气时都会出现心跳加速、血压上升、体温变高等体征变化。那如何才能知道自己有没有生气呢？生气时体内究竟发生了什么？比如，脸颊有没有变红？下颌紧绷？肩膀紧张？头痛或反胃？

除了身体上的反应，情绪上也会有波动。人在生气时，情绪会有所反应，比如感觉充满了力量，或感到害怕，或感觉羞耻。举例来说，如果愤怒使你克服胆怯和痛苦等脆弱心理，挺身而出捍卫自己的权益，你会感觉充满了力量；你感觉害怕，或是因为你认为倘若任由愤怒发作，将会给自己和别人带来伤害；你感觉羞耻，或是因为过去你曾以某种不合适的方式表达愤怒，因此遭到别人猛烈的批评。有些人会因不满自己对待愤怒的方式而发火——比如未能像想象中那样拍案而起，或生气时情绪失控而成了大家眼中的小丑。

除了身体和情绪，我们对愤怒还有精神层面的体验。比如大多数人都对"生气究竟是积极情绪还是消极情绪"这一问题持鲜明态度，并以此要求自己。

▷▷▶**小练习：如何从情绪和精神两方面体验愤怒**

1. 花几分钟时间想一想自己是如何看待生气的。你觉得生气是好是坏？你认为人们有生气的权利还是必须保持克制？
2. 你认可自己对待愤怒的方式吗？对过去发泄愤怒的方式感

到害怕或者羞耻吗？会因为自己表达愤怒的方式或者压抑愤怒不敢勇敢保护自己而生气吗？

你处理愤怒的方式涉及：你是否很快动怒？生气时间长短？是否尊重自己的愤怒或将愤怒转变成其他"可被人接受"的形式？（例如一般认为女人不应该发怒，所以很多女人将怒气转变成眼泪。）在生气时你是否会监测自己的行为？以及如何做自己的思想工作，诸如"我有权生气，毕竟是他……"或者"不论她对我做了什么，我都不能生气"，又或者"别让她看出我在生气，否则她就赢了"等。

▷▷▶小测试：你如何处理愤怒情绪

下列问题会帮助你梳理自己处理愤怒情绪的方式。回答没有正误之分，只是助你更清晰地看清问题而已。

1. 你动怒有多快？怒气是逐渐增加还是瞬间爆发？
2. 你能察觉到怒火正逐渐增加吗？
3. 愤怒值通常是多高？ 1~10分，10分是最大愤怒值。
4. 每次生气持续时间长吗？
5. 你是允许自己生气还是尽量说服自己不要生气？
6. 非常生气时哭过吗？
7. 生气时，你会跟自己说什么？

愤怒的多种表达方式

表达愤怒的方式是指一个人觉察到心里有火或已经进入生气状态后的做法。一提到愤怒方式，人们普遍想到的做法包括：责备对方、不理会对方以及用某种方式惩罚对方等。再极端一点，就是推搡、殴打，或者拿旁人出气——家暴、路怒或对青少年施加暴力等。除此之外，还有诸多发怒的表现，只是没这么明显罢了。看看下列情况有没有出现在自己身上：

- 苛刻待人
- 不耐烦
- 嚼舌根
- 说粗话
- 总觉得别人在针对你
- 以最坏的恶意揣测别人
- 把聊天变成辩论
- 工作或休闲时竞争意识过强
- 完美主义
- 难与人相处
- 面露优越之颜，说话居高临下
- 很难放松下来

男女表达愤怒的方式有所不同。纽约圣约翰大学心理学系主任雷蒙德·迪朱塞佩博士对1300位18~90岁的受访者进行调查发现，男性在生气时更易动武和冲动行事，且常有报复心；而女性生气和怨恨的时间更长，但表达愤怒不如男性直接。女性倾向于采用间接行为，比如将惹她生气的人列入"黑名单",打算一辈子也不理对方。

▷▷▶小任务：回忆一下自己惯常的愤怒方式，看看对自己的身体健康、人际关系和工作学习带来了怎样的负面影响。

外怒与内怒

对于像愤怒这类复杂的情绪，这么区分似乎有点过于简单化，但事实就是如此。我们在生气时的做法无外乎以下两种：要么发火（外化），要么强忍（内化），即外怒和内怒。外怒是将怒火发泄出来，通常意味着发怒的方式是责备或攻击别人。内怒则是"敢怒不敢言"。与此相对应，经验告诉我通常人也可以因此分为两类：外怒型和内怒型。虽然大部分人既有外怒也有内怒，但不会各占一半，或外怒多于内怒，或内怒多于外怒。

伊万有五个孩子。保守地说就是，伊万是"铁腕治家"。如果有人犯错，他立马暴怒："你怎么回事！"他厉声呵斥，不管有没有人听。工作上也是如此。一旦有下属犯错，他不会讨论问题出在哪里或者如何避免再次犯错，而是发火道："你是傻子吗？！"一旦生气，伊万便一发不可收，朝惹他生气的那个人咆哮，侮辱对方。伊万是典型的外怒型。

玛丽·安是伊万的妻子。伊万生气时，玛丽·安一言不发，不为自己和孩子们辩解。她无力改变伊万，有些怕他。所以每当伊万爆发时，玛丽只能沉默以对。面对伊万劈头盖脸的臭骂，她不得不紧绷身体，额头低垂，努力熬过这场暴风雨。玛丽·安是内怒型。

下列问题可帮助你辨识自己是外怒型还是内怒型。

▷▷▶小测试：你是外怒型还是内怒型？

1. 你是否认为应忍住怒气，不要发火？
2. 在和朋友谈论惹你生气的人或事后，有没有感觉好一些？
3. 你是否总是试图说服自己不要生气？
4. 有人惹你生气时，你是否倾向于立即上前与之理论一二？
5. 你是否认为让人知道他惹你生气了是一种懦弱的表现？
6. 经常感到愤怒带给自己力量吗？
7. 你倾向于"算了吧"而不是找对方理论？
8. 除非朝惹你生气的人发泄出怒火，否则你很难忘记或原谅？
9. 你是否是那种尽可能避免争执或冲突的人？
10. 即便跟人吵架，你也会把不满表达出来，不会忍气吞声？
11. 对惹你生气的人，你会怀恨在心吗？
12. 生气很快，消气也很快？
13. 你常怀疑自己是否有说"不"或生气的权利？
14. 你认为自己有权表达愤怒吗？
15. 当你和别人意见相左时，会感到恶心或压抑吗？

16. 你有没有发现体育运动是瓦解愤怒的良药？
17. 你会为了避免争执假装同意对方的观点吗？
18. 你会对自己生气时的言行感到后悔吗？
19. 你会因为害怕对方的反应而不敢生气吗？
20. 你在生气时会不顾后果地发火吗？
21. 你觉得自己被一些人视为"软柿子"吗？
22. 有没有人告诉你，你脾气不好？
23. 你害怕自己一旦发火便会失控吗？
24. 你经常感到自己发火时失控吗？
25. 你觉得很难找到发泄怒气的方法吗？
26. 你生气时声音会变大变尖吗？
27. 如果有人批评你，你会很以为然，然后开始自我批评吗？
28. 你认为大部分针对自己的批评都是错误的，所以你会为自己的荣誉辩护吗？
29. 哪怕心底愿意结束与某个脾气不好的人的情侣关系，但却仍倾向于跟对方在一起吗？
30. 你是否曾因为一时生气而分手，事后却后悔？
31. 你害怕肢体冲突吗？
32. 你是否曾因为自己的暴怒而遇到麻烦（在学校、在单位或被执法部门"请"进去）？
33. 你是否曾惹人生气而被打？
34. 你生气时打过别人吗？

如果过半数奇数题你的答案为"是",那你就是典型的内怒型。虽然内怒型没什么不好,但如果大多数奇数题你都回答"是",那你或许得平衡一下;如果从15题往后的大部分奇数题你都回答"是",那你这个内怒型则未免有些极端,恐怕会让你有些神经质,甚至危害健康。

如果过半的偶数题你的回答为"是",那几乎可以确定你是外怒型。外怒无罪,但如果大多数偶数题你都回答"是",那你得在脾气和生活中寻找一个平衡;如果从18题往后的大多数偶数题你都答"是",那你的外怒则有些极端,或给自己带来麻烦,还可能威胁到旁人的安全。

平衡是目标

一方面,如何避免被压抑的愤怒摧垮?另一方面,如何避免人际关系被自己不加控制的脾气损害?很多人不确定该如何自处。有些人一遇到不顺就大发雷霆,有些人则在沉默中独自忍受。有人说最好的做法就是不要起冲突,同时想办法缓和一下气氛;有专家说要抑制愤怒,也有专家说要把气发出来。到底该听谁的?

本书除了要让人看清一个人处理愤怒情绪的方式是如何影响自己和他人的生活的,还鼓励人们寻求平衡之道,避免极端。不管是外怒还是内怒，走极端都会带来问题。虽然外怒和内怒都是对待愤怒的合理方式，但极端的外怒会导致暴力，极端的内怒会导致抑郁、疾病和交流障碍。其实两者通过观察对方的做法，皆可从中受益。外怒型的人，尤其是有言语或肢体暴力倾向的人，可以学着如何抑制怒火，忍住反击的本能，学着同情对方，寻求交涉途径解决问题。内怒型的人可以尝试认可自己的愤怒情绪，允许自己以适当的方式发发火，而不要什么事都自责或试图说服自己"算了，算了"，容忍自己被别人欺负。对内怒型的人而言，大胆站出来维护自己的需求和观念要比一味委曲求全健康得多。

有人或许发现自己既非内怒型又非外怒型，更像是"中间派"。这是好事。两者中间取得平衡，远比任何一个极端健康。俄亥俄州立大学的凯瑟琳·斯托尼和同事们研究了人的愤怒方式和健康之间的关系。他们选取了以不同方式处理愤怒情绪的人组成研究连续体——从最易发怒的人到最能压抑怒气的人。最后发现身处该连续体中间的人——学术上称为"灵活的应对者"——身心最健康。举例来说，灵活的应对者们在和上级说话时会压抑怒气，但和配偶争执时则火力全开。相比灵活的应对者，那些一味发泄或压抑怒火的人在遇到压力时血压、胆固醇和高胱氨酸均更高，而高胱氨酸是导致心脏病的高风险氨基酸。

本书第二部分包含一个能帮助你修正部分行为的计划表，

不管你是外怒型还是内怒型。如果你平日习惯忍住脾气，你将学到如何一步步安全地释放怒气。若你常常发泄怒气，你将学会控制脾气，寻找更有建设性的方式对待挫败、压力、恐惧、痛苦和羞耻等情绪。若夫妻俩恰好是两个极端，则可互相学习，制定一个冲突解决模式，将两人的愤怒特点都通盘考虑进去，使之更加平衡。

▷▷▶ **小任务：观察自己是内怒型还是外怒型**

1. 在接下来的几天中，观察自己生气时是把火气发出来还是憋进去。不要对此下任何评判，只是在头脑中记下自己对待愤怒的方式即可——朝外还是向内。
2. 有一部分人时而外怒时而内怒，内与外取决于当时的环境。请留意在哪些环境中你会直接表达愤怒，哪些环境下你会克制情绪。

如何改变：跟着对方做

前面我曾提过，改变愤怒方式的办法之一即是尝试用相反的方式表达愤怒。比如，若平日经常一点就爆，那就得学着控制怒气，同时看看在愤怒之下是否还藏着其他情绪；若平时因为害怕暴露自己的真实情绪而失去朋友，总是将怒气往肚子里吞，那就冒险一次，勇敢展现自己的真情实感；若时常记恨于心，寻求日后报仇，则需尝试用更直接的方式表达愤怒，同时学着宽容对方的错误和缺点。下列练习将对你有帮助：

- 若你通常压抑情绪，试着把情绪释放出来。你可能会觉得不舒服甚至害怕，一次一小步即可。如果有人对你不逊，大胆告诉对方自己的感受，或直言你不喜欢他的待人之道；若你习惯于劝说自己不要生气，退一步海阔天空，这次就告诉自己，今天就不退步，让对方知道你的真实想法。

- 另一方面，如果你是外怒型，这次试着把火憋回去，看会发生什么。你可能会感觉自己要气炸了，但放心，你不会爆炸的。相反你会发现怒气慢慢消融，你也少了一场争执。

- 留意每次采取这种方式时自己的感受。最初肯定会难受，但需要更加注意的是，在强迫自己这样做的同时，有没有其他情绪出现。举例来说，大部分内怒型的人在尝试发泄怒气后往往感到浑身上下充满了力量，或感觉更自尊自信了。另外一部分人则会出现负罪感，自我感觉更糟。多数外怒型的人在尝试"憋气"后会有挫败感，因为以前可以通过发火，将紧张与焦虑撒在别人身上。也有部分人为自己感到骄傲，竟然成功避免了冲突，或没有说出日后会后悔的气话。

·每次尝试时都做笔记。除了记下事件本身,还要着重记录自身感受和事后结果。

·虽然刚开始会感觉不爽,但请坚持至少一周。一开始步子小一点,再慢慢尝试更大的步伐。比如,内怒型的人可以先从无礼的陌生人下手,告诉对方哪里得罪了你。然后你就会有信心,敢于跟同事直言。一周以后,你甚至可以在丈夫冒犯你时将内心的不满告诉他了。外怒型的人刚开始或许只能忍住一点小火花,但多加练习后则可以为了和谐而忍住更大的冒犯,自身感觉也更好。

第三章

找出你的主要愤怒方式

沟通方式

沟通方式是我们表达愤怒的方式的重要方面。除了主要的表达愤怒的方式（外怒或内怒）不同之外，我们跟对方沟通不满情绪的方式同样有所不同。有些人说话很直，有些人则会借用讽刺、笑话或沉默等方式把愤怒包装一下。有些人是有话就说，憋不住话。有些人则先把话按下去，待对方放松戒备时再讲出来；或压根不说，让不满慢慢将双方疏远开来。

我们沟通不满情绪的风格往往跟沟通其他情感（包括需求、欲望、关心等）的风格紧密相连。多年前有沟通专家指出人类有四种主要的沟通风格——消极型、攻击型、消极攻击型和坚定型。

消极型。该沟通风格的人会不惜一切避免冲突，不常表达自己的需求和感受。每次说"不"都带着负罪感，且尽量避免伤害别人，因为会有负罪感。也避免惹别人生气，否则会感到不适或害怕。

攻击型。该沟通风格的人有控制欲——控制自己、控制他人、控制场面。他们不接受有人说"不"，会通过伤害和愤怒逼迫对方就范，借助讽刺、侮辱、贬损、抱怨、威胁和暴力得到自己想要的东西。

消极攻击型。该沟通风格的人擅长报复，通过诡计、引诱和操纵来达到目的。做法不像攻击型那般公开，而是当面一套背后一套的"笑面虎"。通过冷处理、感情或关注降温、八卦、揭人隐私、拒绝合作等方式实现控制或达到目的。如果问他们"你还好吗"，他们嘴巴上说"没事"，但肢体语言或下意识行为出卖了他们。

坚定型。坚定型风格的人会直接、公开、诚实地说出自己的要求，不让对方猜测。同时，他们也会顾及对方的需求和感受。他们对自己诚实，也希望别人能以诚相待。他们对自己的人生负责，面对问题主动出击。

在写作此书时我发现有一种沟通风格尚未被以往任何文献所提及。我根据多年工作经验将其总结为第五种风格：投射攻击型。

投射攻击型。此种沟通风格的人看似与消极型无异，但会拿其他人出气。和消极攻击型一样，投射攻击型可一点也不被动，而是非常愤怒和好斗之徒，只是不敢发火，转而迁怒于人罢了。

上述沟通风格哪一种最符合你的情况？每个人都会同时拥有上述不同风格的部分特征，环境也是一个很大的影响因素。但绝大多数人都只有一个主要的沟通风格。

多年来，沟通学领域的专家们都把坚定型奉为理想之选，理由一大堆。果断的行为当然远好于侵略性的、被动的或消极攻击性的行为。相较于暗中使坏、幕后操纵，直截了当、开诚布公地说出心底的要求和想法不仅给大家带来良好的主观感受，客观结果也更好。但谈到愤怒模式——即我们处理和传达愤怒情绪的方式——坚定型并非唯一理想的表达自我的风格。坚定型属于外怒型。既然外怒并不一定优于内怒，那么有没有与坚定型相对应的积极的内怒型呢？

沉思型。沉思时，我们可以感知心底的怒气从何而起，但控制住不要发火。给自己一段时间（不管多长）冷静下来，想想怒气因何而起，有何教训，以后如何避免再次发生。这个过程有可能需要——也可能不需要——以坚定型的方式与人沟通内心的感受。

坚定型和沉思型是处理愤怒情绪的理想的健康方式。坚定，表明我们可以直接告诉对方这样做我不喜欢。不用责备谁，不用自怨自艾，只是简单地用平和却坚定的语气将不满告诉对方。沉思，意味着我们可以感知情绪的变化，同时冷静地思考来龙去脉，从中吸取教训。对招惹我们的行为，不必为之开脱，也不必自我责难，而是客观、公正、多角度地看待问题。如果有需要跟对方沟通之处，我们也能冷静平和地就事论事。

考虑到"消极型""攻击型""消极攻击型"和"坚定型"等概念已使用多年，在这里仍用上述概念描述一个人主要的沟通风格较为合适。"沉思型"与"投射攻击型"将作为补充，用于更完整地刻画一个人如何感知、处理、表达和传递愤怒情绪。

后面我们会讨论如何变目前不健康的方式为坚定型或沉思型。现在先继续讨论如何进一步确定不健康的愤怒方式的属性：攻击型、消极型、消极攻击型和投射攻击型。

攻击型模式

攻击型愤怒模式的人以直接、强势的方式表达愤怒。你认定自己有权生气并将怒气撒出来，不顾后果都要一"怒"为快。你的怒火是最要紧的事，其他一切事都靠边站，其他人的感受也无足轻重。绝大多数此模式的人都很固执己见，大多会盛气凌人地扯大嗓门责怪别人惹恼了自己。

以攻击型为主要模式的人会为达到目的不择手段，哪怕伤害别人也在所不惜。不管身处何种场景，都会以侵略性的方式做出反击，绝不容忍自己被别人推着走。

在部分人看来，戴娜是一位非常坚定自信的女性，向来是自己的事自己说了算。她在任教的中学颇受欢迎，积极参与家长会和社区活动。离婚，独自抚养两个十来岁的女儿。

不过，与其说坚定自信，倒不如说她盛气凌人。一旦事情未遂她意，必定纠缠不休直到确认她的主张得到了申诉，同时也把周围的人都得罪光了。她对被拒绝极为敏感，只要她感觉女儿不喜欢她的做法，就会小题大做，觉得自己被抛弃了。她责怪孩子们自私自利，提醒她们自己做的一切都是为了她们，还威胁说再不感恩就不再对她们这么好。气头过了之后她总是后悔不已，但只要感到有人拒绝她或不欣赏她，又会重蹈覆辙。

消极型或回避型模式

消极型或回避型与攻击型完全相反。该模式的人会尽量避免生气。由于怒火的感知被切断得太久，已感觉不到自己是不是在生气，或自觉已无权生气了。害怕报复、担心失控、担心得罪人都是不敢生气的原因。过于在意别人的想法，不愿自己在他人眼中是个坏脾气。

除了尽量避免生气，该类型的人也会尽可能避免冲突。宁愿违心地同意对方的观点或不发话甚至勉强自己从事反感之事，也不表达自己的真实想法或立场。遗憾的是这种做法从长远看是无效的。因为不敢在外面为自己辩护会让人生闷气,开始质疑自己为何如此虚假,对不能诚实对待自己的内心感到羞耻。

因为有一种被人控制的感觉,心里会对其他人越发火大。这股无处发泄的火随着时间越烧越旺,不仅伤害自尊,最终的爆发将对人际关系造成不可修复的破坏。被自己的行为吓到后,进一步坚定了"我不能发火"的想法。生气太可怕了,看看自己都干了什么?

和很多消极型的人一样,塔拉时常看见父母争吵,对狂暴的父亲的谩骂只能默默忍受。童年的阴影让她发誓不能成为父亲那样的人。她认为唯一保险的做法就是绝不生气。在一次谈话中她说:"我很怕发泄怒火,伤及他人。有时候我也会生气,但我憋着。还曾梦到自己脾气大爆炸,伤害了别人。"

消极攻击型

毫无疑问这可不是一个新名词。该心理学术语意指一种以间接方式拒绝权威、责任和义务的防卫机制。与之相关的表现包括:抱怨,旁人稍提一点要求就易怒,以及常态化的不满情绪。

不少人错误地认为消极攻击型的人会在两个极端间来回游走。但一个消极攻击型的人不会今天特别消极明天又变得极富攻击性,而是同时既消极又有侵略性。但他们会否认——

包括对自己否认——侵略性的一面。他们坚信自己几乎就没发过脾气，但外人却都认为他们是很不友善的那一类。他们或许觉得自己是性格被动却很好相处的人，人们都愿意和他们打交道。事实却是，在大家尤其是配偶眼中，他们顽固且难以相处。

这类人回避与人正面对抗，害怕会因此受到对方的挑战或失去对方的支持。他们不相信自己能应对对方的发难，于是否认和逃避似乎是唯一的选择。

他们的消极是假装的。在消极的表象下是攻击型的本性，时常得罪周遭。不同于真正的消极型——不挑战别人，也不会得罪别人——消极攻击型浑身是刺，总会不断惹人生气。

愤怒和敌意是消极攻击型的核心内容，尽管当事人不承认而试图掩饰或强词夺理地声称那不是愤怒也不是敌意。消极攻击型的人会以间接的方式发泄愤怒，包括抗拒、推迟、丢三落四、拖延、破坏自己或他人的劳动成果，甚至会故意惹恼对方或与权威对着干，颇像叛逆的青春期。

消极攻击型常见于青少年及长期生活在别人控制下的人群中。女性比男性多，但有"在别人控制下活着"的感受的男人却一点不比女人少——工作上看老板脸色，回家后看老婆脸色。消极攻击型一直在寻求以间接的方式获得自治权。

虽然消极攻击型的人讨厌被人呼来唤去，但却常常被控制欲强的人吸引；另一方面，又时常与控制欲强的人发生严重的冲突。

消极攻击型通常表现在亲密关系中，最常见的表现为拒绝满足对方的合理要求。比如，由于担心自己的性能力不够理想，男方可能会不举。又或者，当女人不满伴侣在聚会上的表现，她会在回家路上表现出十分冷淡和疏远，一连几天都甩脸色。如果孩子表现不好，消极攻击型的父母不会立马批评他，但当孩子提出想去朋友家玩这样的请求时，就会被拒绝。

吉纳维芙是一位消极攻击型母亲，很怕与人冲突。她极为迫切地希望得到孩子们的爱。每当孩子们顶嘴或不理睬她时，她并不作声——至少表面上如此。实际上，她会报复孩子，比如故意不告诉他们有朋友曾经打来电话，或巧妙地说些话让他们怀疑自己，或临时改变主意，拒绝带他们去之前承诺的地方或活动。如果孩子们问起，她会装作什么都不知道，并且发誓她从未对他们生过气。

投射攻击型

投射攻击型的人会坚定地避免、否认或压制自己的怒火。其主要做法是将自己的怒气投射到他人身上。投射是一种下意识的自我防御机制，可以减轻愤怒、焦虑、痛苦或羞耻等不良感受。把自身不好的特质、行为或感觉赖到别人身上，自我感觉则会好很多。

如果一个人认为愤怒是一种无论如何都必须避免的负面情绪，他会尽可能不让自己发怒或不承认自己有火。但当他确实察觉到自己有火气怎么办？那得尽快把气消下去才行。最好的办法莫过于把自己的火变成他人的火。最常见的做法就是认定有人对我发火，其实我才是那个生气的人。别忘了，这通常是下意识的，即你或许并未意识到是自己率先有火的。这就是自我防御机制在起作用。

下面这个例子是关于塔尼娅的。她并没有意识到她在生丈夫的气。相反，她开始感觉是丈夫对自己不满，觉得丈夫在故意疏远她，丈夫随便说什么她都觉得是在批评她。她问丈夫是不是在生她的气，丈夫说没有。但她就是不信，然后又问了一遍。他再次回答说没有，只是略带一丝不耐烦。塔尼娅认为丈夫这种语气就说明他在生她的气。这下他可真生气了，让塔尼娅别来烦他。这下她确定了丈夫果然一直都在生气。

绝大部分此类投射都源于个人的想象。但也有些时候是把在现实中找到的影子给放大了。比如，你的配偶对你只是有一点不满罢了，你却认为对方在憎恨你。

投射还有另一个目的。很多人担心一旦被爱人或恋人发现自己的真面目，就会被对方所抛弃，所以一直生活在"会不会被发现真面目"的恐惧中。把诸如愤怒等所谓的负面特质和情感投射到别人身上，可以保持自己费尽心力创造出来的完美形象。

此类人还善于"唆使"别人替自己发火。玛丽的朋友到家里来看她,两人聊天时玛丽的孩子们却吵得不可开交。看到孩子们在客人面前这般表现,玛丽很是生气。玛丽没有坚定地告诉孩子们此时应该安静,而是柔弱地叫他们小点声。孩子们没有理会她的劝诫,仍旧大声吵闹着。玛丽越来越火大,但却不敢表露出来,甚至在内心都不敢承认自己在生气——她一直都在拼命维护自己完美母亲的形象。她的眼珠转来转去,不住地叹气,焦虑地四下张望。那位到访的朋友注意到玛丽心底有火却发不出,终于忍不住训斥道:"你们的妈妈正在和我说话,但你们吵得我们听不清。你们怎么这么无礼,给我安静!"

孩子们被镇住了,立马安静下来。最小的那个抽泣起来。玛丽一边安慰她,一边用抱怨的眼光看着朋友,似乎在说:"看看你都做了些什么!"她借故提前结束了此次会面,同时不断在想:让孩子们接触这样火暴脾气的人真的好吗?

投射攻击型和消极攻击型都会时常惹人生气,因为他们的行为确实可气。他们消极起来让人抓狂,你恨不得使劲摇晃他们的身体让他们快做决定,有话就说别再拐弯抹角了!

投射攻击型的人常向家人朋友抱怨有人对他不好。家人朋友当然会鼓励他正面教训那个人,而他做不到。时间一长,听得久了,家人朋友也会开始讨厌、憎恶那个人。但奇怪的是,他本人仍然无法生那个人的气。事实上,这是让周围的人替你生气。

投射攻击型的人一般不主动对他人做出攻击性的行为，但当有人对他发火，就可能触发他那压抑已久的怒火。一旦爆发，便如洪水般不可收拾。除了把当前的火发泄出去，连同过去积攒的怒气都会一泄而出。从某个角度看，有点像他在故意等待这一可以发泄愤怒的时刻的到来。

▷▷▶**小练习：场景**

很多人都可以根据我的描述确定自己主要的愤怒模式了。但还有人尚无法确定。下列场景将能帮助你尽快确定。一定要尽可能诚实看待自己。你或许能够判断出哪个选项是"正确答案"，但请一定按照自己的实际情况进行选择。

场景一

在超市排队结账时突然被人"加塞"，你会如何处置？

1. 把他推开，自己上前一步站在他前面。
2. 朝收银员大喊："你能不能让这个讨厌的人到后面去排队？"
3. 闷着一言不发，担心如果说点什么，那个人会对自己不利。
4. 趁他不注意时把他放在传送带上待结算的商品拿一

件出来，偷偷放在收银员附近的货架上。

5. 对排在你后面的人抱怨他，等别人收拾他。

6. 告诉他："我先到，请排我后面。"

选项1是以攻击型方式处理问题。把人推出去显然是一种挑衅行为，实在没必要。选项6的做法也能达到同样的效果。

选项2同样是攻击型方式。只要坚定地告诉他要排在你身后，则可以避免在大家面前让他蒙羞，争吵也就无从谈起。

选项3是消极型方式。闷着不为自己争取权益，让别人随意踩在身上。你很可能会对自己不满，或对自己生气，怪自己为什么就不能勇敢一点。

选项4是消极攻击型。你没有公开、坚定地表达自己的想法，而是带着恶意地、消极地报复插队的人。虽然避免了正面冲突，不过是懦夫的作为。

选项5是消极攻击型做法。通过向别人抱怨，让他人代你泄愤，虽然可以让你免于与人直接冲突，但接下来的争吵场面大家都难堪，你也不好过。

选项6是最坚决果断的做法。诚然会有一点风险，但你既说出了想说的话，又没让人难堪，同样很可能避免了一场冲突。

场景二

一位朋友让你感到心烦。她简直是个控制狂，无论什么事都得按她的想法办，似乎认为她的想法永远不会错。你会怎么办？

1. 不再打电话给她，也不接她的电话。
2. 告诉她："你是个控制狂，我无法再跟你做朋友了。"
3. 责怪她对你发火。
4. 在背后议论她。
5. 告诉她你希望和她认真谈一次，谈话时你诚实地说出了对她的看法。

选项1是消极型。虽然避免了和朋友的冲突，但也失去了表达自己想法的机会。

选项2是攻击型。怒斥对方，断绝关系，这种处理方法有些极端和刻薄。

选项3是消极攻击型。通过指责对方在生自己的气，逃避了其实是自己在生气的事实。

选项4也是消极攻击型。为了避免与朋友冲突，你选择了背后说人长短这一非常恶劣的行为。

选项5，没有责怪朋友，没有用刻薄的手段，你坚定地直面问题本身。

场景三

儿子到了青春期,全然一个愣头青。他总是和你顶嘴,尤其在他朋友面前对你总是出言不逊。你感到既难过又生气。你会怎么办?

1. 威胁他,下次再这样,看我不抽你!
2. 当他又在朋友面前让你难堪,一定要找个办法捉弄他,让他感到伤心和难堪。
3. 告诉他,你希望他能尊重你,而他目前这样的做法难以让人接受。
4. 两个人在一起时,你一言不发,不住地翻白眼,唉声叹气。
5. 即便配偶过去常打骂儿子,也会告诉配偶儿子伤了你的心。
6. 什么都不说,只怪自己没有培养出一个尊敬长辈的儿子。

选项1是攻击型。虽然只是威胁,但也同样不可取。
选项2也是攻击型。在旁人面前嘲弄人也是一种精神暴力。
选项3是以坚定的态度处理问题。如果这是你处理问题的惯常方式,那么你或拥有坚定型愤怒模式。
选项4是消极攻击型,这是该类型的典型做法。

选项5是投射攻击型。不承认自己的怒火，转而让配偶替你发火。

选项6是消极型。其特点是压抑怒火，为别人的行为而责备自己。

场景四

不管你为伴侣做了多少，对方似乎都不领情。你为了他，不惜勉强自己做原本并不会去做的事，他却把一切视为理所当然，不思报答。自己做的一切在他眼中似乎都是应该的。面对这种情况，你会怎么做？

1. 你知道说话只会导致争吵，所以沉默不言。
2. 直接告诉他，他是个毫无感恩之心的浑蛋，不配拥有一个关心他的妻子。
3. 不再为他做任何事。
4. 向你们都认识的朋友或亲戚抱怨他的作为。
5. 告诉他你的感受，让他知道你担心这样下去会对感情造成无法弥补的伤害。
6. 找个理由借题发挥，逼他发狠，甚至逼他动武。然后以此为理由，不再对他好。

选项1是典型的消极型，试图避免一切冲突。

选项2和选项3是攻击型，是充满攻击性和惩罚性的做法。

选项4是消极攻击型，向亲朋好友吐槽伴侣的不是，是常见的宣泄愤怒的方式。

选项5表明你在以坚定的方式处理问题。把自己的担心和感受坦诚相告，而不是威胁或惩罚对方，为双方的积极沟通开启了一扇窗。

选项6是投射攻击型。拒绝接受自己的愤怒，转而试图诱发对方发火，并以此为自己的反击正名。

变化的愤怒模式

或许你已经发现，一个人的主要愤怒模式会因时因地因人而发生改变。对某一类人，你的愤怒模式可能是攻击型；对另一类人则可能变成消极型。谢丽尔曾向我咨询过类似问题。下面是她的原话：

> 对待朋友和同事，我向来以坚定的方式表达自己的不满；但对丈夫和领导，我却变得非常被动。每当出现不同意见时，哪怕最初我不以为然，但不管他们说什么我都会很在意。不知道为什么，比起朋友和同事的意见，我似乎更相信他们的判断。不知道这算不算畏惧权威……我把尊敬的人高高供着，不管他们多么无理，我都没法生气。

在配偶和子女面前表现的是攻击型愤怒模式，在其他人面前又转成消极型或消极攻击型模式，这种情况并不少见。在虐待妻子的男人身上尤其明显。下面是向我咨询的罗杰的话：

> 领导批评时，我习惯了忍气吞声。等我回到家，就会把气撒在老婆身上。她只能茫然地看着我，看着我发火。我怪自己，明明可以不这样，为什么就不能改正；恨自己在单位当懦夫。

▷▷▶**小任务**：描述一下自己的愤怒模式是如何因人、因事而异的。

如何改变：收集别人的反馈

有时别人的反馈能帮助你确定自己的愤怒模式。自我评价难免有失客观，而信得过的朋友或配偶能为你提供不偏不倚的反馈。

▷▷▶**小任务**：本周内至少请两个人描述他们眼中的你是如何处理和表达愤怒的。

把收集到的反馈记下来，以免你有意无意地忘记了他们的反馈。

第四章

变奏曲：二级愤怒模式

即便是同一种愤怒模式，不同的人做法也不尽相同。以攻击型的人为例，诚然该类人有诸多共同点——都是有了怒气就要宣泄而不是憋着，且泄愤的方式都颇具杀伤力——但不同的人的具体做法仍然不同。另几种不健康的愤怒模式——消极型、消极攻击型、投射攻击型，其各自人群同样存在类似情况。我根据他们的行为特点对不同的分支进行了命名。比如，主要愤怒模式为攻击型的人，还可细分为爆发型、暴怒型、责备型、控制型和施虐型。消极型可细分为否认型、逃避型、暴饮暴食型和自责型。消极攻击型可细分为暗算者、逃避大师、闷声闷气者和伪装者。投射攻击型包括腹语者、无辜受害者和"怒气磁石"类型。

攻击型的细分类别

在确定自己的愤怒模式是攻击型后,下列问题可帮助你发现自己属于该模式的何种细分类别。

▷▷▶小测试:你的二级模式是什么?

1. 你经常突然不受控制地爆发吗?
2. 经常发脾气,说出或做出事后后悔的话或行为。
3. 经常意识不到自己为什么发火。
4. 经常不明原因对配偶和孩子发火,怒气的产生和消失都那样神秘,自己浑然不觉。
5. 朋友告诉你他们曾被你发脾气给吓住了。你听了感到很吃惊,因为你完全没印象了。
6. 你试图控制情绪,但从未成功过。
7. 发怒是你的自然反应。
8. 对批评非常敏感。
9. 你对自己非常失望,你认为其他人也这么看你。
10. 有人取笑你或指出你的缺点或不足时,你会大发雷霆。
11. 一旦生气,很难消气。
12. 对曾批评过你的人,必须得让他知道他自己有多么糟糕。
13. 有时候火气上来,连续几个小时痛骂一个人。
14. 经常因为别人没有达到你的要求而对他们感到失望。

15. 别人犯错时，你会很生气。

16. 如果有人做错事，你觉得你有权指出来。

17. 你虽愿意承认错误，但发现并没有多少错误可认。

18. 你自己做错了事，却去责备他人。

19. 男女相处中，你认为大多数时候都应听你的。

20. 要求别人按你要求办。

21. 一旦别人未按你要求办，就会发火。

22. 如果别人的做法与你的想法相悖，或未按照你的方式做事，你就会发火。

23. 你常因为别人不同意你的看法或不理解你的想法而与人争执。

24. 你在与人争论时绝不放弃自己的主张，也绝不主动结束争执，除非对方"投降"。

25. 曾用恐吓或威胁等手段控制别人的行为。

26. 以损害别人的财产作为威胁。

27. 威胁伤害某人。

28. 曾在生气或试图威吓别人时打砸东西。

29. 曾不准人离开房间。

30. 生气时推搡别人甚至动手打人。

如果符合1~7项中的大部分描述，就是爆发型；符合8~13项的大部分描述，是暴怒型；符合14~18项的大部分描述，是

责备型；符合19~24项的大部分描述，是控制型；符合最后6项的大部分描述，则是施虐型。

接下来我会详细谈谈攻击型的各个二级分支。根据上面的问卷情况，看自己属于哪一类或哪几类，再看看我对该类的分析。如果上述所有或大多数情况你都出现过，则应考虑是施虐型。施虐型兼有爆发型、责备型和控制型的部分特征。

爆发型

爆发型的主要特点是怒气突然发作，往往没有任何预警。爆发型的人通常就是别人眼中的"坏脾气"或"性急的人"。这种人火气来得快也去得快。遗憾的是，他们发作时的言行，却能给对方带来长时间的伤害。

"从不知道自己啥时候会爆发"

扎克四十几岁，对自己的暴脾气感到无奈，向我咨询。他说："我从不知道自己啥时候会爆发。明明好好的，突然一件丁点大的事就能让我失去控制。我会对周围的人大喊大叫。老婆孩子都怕我。这种情况持续几年了，真的不想再这样下去了。我担心老婆会离开我，担心我会做出难以想象的蠢事。"

像扎克这样的爆发型，一般不会察觉到怒气已悄然而至。它会在你毫无防备时"袭击"你。和大多数人不同，你连自己为什么生气都不知道。原因在于你忽视了身体和情绪发出的"怒气值正在上升"的预警信号。

绝大部分人都知道自己的怒气值是否正在升高,因为他们可以感觉到,比如身体会发热或察觉到内心的压力感在不断增大;音量变大,或呼吸急促;听到有声音从体内传来:"他以为他是谁啊?给他点颜色。"有些人还会注意到自己有按压指关节、用脚敲击地板或咬紧牙关的冲动。但爆发型的人不会注意到这些信号,或是即便注意到了也没在意。

一些爆发型的人对体内不断积攒的压力和挫败感视而不见。发生了很多事之后,压力感和挫败感已到临界,此时一句话或一件事就能成为压垮骆驼的最后一根稻草。父母以及从事高压工作的人群尤其容易如此。正如他们忽视愤怒的信号一样,压力的信号也被忽视了。他们没有暂停下来想办法冷静或放松,反而不断将自己推向崩溃的边缘。

还有一些爆发型的人完全无法应对挫败感。比如在百货店排队太久,高速路堵车,想要的东西没得到,都能让他们发狂。

这类人无法应对挫败感是因为缺乏耐心。要任何东西就必须马上得到,否则就会感到十分沮丧。如果有人做事不够快,你就会看他不顺眼。一个典型的爆发型的人对服务生、收银员或其他服务业者很不耐烦,乃至对自己的配偶和小孩也是一样。不耐烦常常变成发火。

除了忽视身体和情绪发出的预警信号,他们还忘了愤怒本身也是明显的警示信息。此时应该不要发作，冷静地坐下来讨论问题。然而他们却把发火视为一种解决问题的途径。因为发了火以后，他们就会感觉好一些。简单地说就是，他们通过发火，卸掉了一部分积攒起来的压力。于是，讨论问题或探寻愤怒究竟因何而起也就显得没有必要了。

然而，愤怒并不会解决问题，反而会带来更多麻烦，对爆发型的人而言尤其如此。他们不仅永远无法知晓挫败感或愤怒感产生的原因，而且还不断地伤害别人，疏远自己。虽然发火后或有一时的轻松感，但一旦认识到自己的所作所为是何等的幼稚，认识到自己在别人眼中是多么的不堪，或不得不面对自己的行为带来的恶果时，他们会感到比泄愤前更加难受。

暴怒型

暴怒型的人对批评或拒绝极为敏感。如果有人的言行让他们感觉受到了批评、拒绝或忽视，他们会以暴怒反击，目的在于让对方和自己一样难受。或许还是给对方一个明确的讯息：别再惹我！

暴怒型的人背负着强烈的羞耻感——为自己有缺陷、不完美而羞耻。羞耻感重压下的人会感觉自己无足轻重，无人疼爱，实力不足，个人感觉相当糟糕。而这些都应归咎于成长过程中父母或其他抚养人的一些不当言行。

为了摆脱羞耻感，他们选择了生气——准确说是暴怒。很明显，暴怒是施暴的一种形式。通常表现为尖叫、大喊大叫、暴力威胁、动手伤人、愠怒、操纵、情绪敲诈以及生闷气。暴怒可以暂时抵消羞耻感和无能感。

怕　水

羞耻导致的愤怒或暴怒发作快，消得慢，这点和爆发型不同。原因大致有二：一是暴怒的人希望通过发怒来驱走因受到批评、侮辱、拒绝或羞辱而产生的羞耻感，目的是让对方也尝尝滋味，这个过程耗时不短。大部分人仿佛有一个堆满了羞耻感的空间，随时可能爆炸。除了眼前的事会让他们感到羞耻，过去的事也能让其火冒三丈。

萨莉和丈夫劳伦斯最近和三对朋友夫妇共进晚餐，其中一对夫妇是劳伦斯的同事和他妻子。席间，一位客人邀请大家周末去航海。萨莉笑着说："最好别把我们算在内。劳伦斯很怕水，他绝不会上船的。"其他人笑着起哄，要劳伦斯无论如何都来。一位男同事开他的玩笑："原来你这么懦弱。没事儿，我们会给你穿上救生衣的，放心吧，死不了。"劳伦斯感到很丢脸。大家离开后，劳伦斯责骂萨莉道："你竟敢在大家面前羞辱我。阿尼会跟单位所有人讲我的笑话。我会成为办公室的笑柄。你怎么就不闭上这张大嘴巴？"萨莉很想告诉劳伦斯大家并没有看轻他，每个人都有害怕的事。不管她说什么，不管她怎么安慰他,都无济于事,他感觉越来越糟。他越觉得丢脸,就越生气。他整晚不停地骚扰萨莉,指责她故意让他在人前丢脸,骂她是个糟糕的妻子,猛戳她不能生育的痛点。天快亮时方才消停,萨莉伤得很深,止不住地哭泣。

羞耻引起的愤怒消退得很慢的另一个原因是,发怒者在发泄后感觉会更糟。除了因受到批评或侮辱感到羞耻,现在又因自己发怒,加重了羞耻感。例如,劳伦斯在对萨莉撒气时便意识到自己已经发疯了。他注意到妻子是多么疲惫和沮丧,但就是无法阻止自己。她蜷缩在床上,开始哭泣。看到自己给妻子带来这般痛苦,让他非常内疚和羞愧,但他的愤怒反而因此火上浇油。

第二天,萨莉没能上班。晚上劳伦斯下班回家,看到她仍是如此沮丧,感到十分难受。他这一天过得比预计的要好——没人取笑他怕水,安妮似乎也没到处宣扬。他多么希望能收回头天晚上对萨莉说的那些气话,可惜覆水难收。

责备型

责备型的人很少感到满足。他们经常抱怨他人,眼睛都盯着人家的消极方面,看不到别人的可取之处。例如,一个责备型的母亲只会注意到房间的哪些地方孩子忘了打扫,而不是表扬他已经打扫了部分房间。

责备型的人会关注别人的行为,而不是自己的感受和作为。这样便可以避免看到自己的错误或缺点。责备型的人往往缺乏自知之明。他们十分擅长批评自己和某人共同的弱点和缺点，全然意识不到自己的虚伪。

如果你是责备型的人，你会经常生气。人们总会辜负你的期望，你会把自己的不快乐归咎于他人。你可能会用言语表达对他人的失望，倾向于指出别人的错误或失败。有趣的是，当别人对你变得防备或对你生气时，你经常感到惊讶。毕竟"我只是指出了你们的错误，你们至于生我的气吗"。

"总是别人的错"

来访者杰西正处于青春期，因为不去学校上课，她妈妈带她来找我咨询。她在学校时和老师起了冲突，还和同学发生了争执。我问杰西为什么不去上学，她说了一长串理由：老师很蠢，不理解她；教的东西是她从来不会用到的废话；学校大部分学生都不成熟，她厌烦他们。

和杰西谈了几次后，我发现杰西有比一般青少年更多的叛逆。杰西已经建立起把自己的问题归咎于他人的模式。与大多数责备型的人一样，杰西认为自己是对的，其他人是错的；自己是无辜的，其他人是有罪的；自己是好的，其他人是坏的。

看到她年纪轻轻便有如此极端的态度，我颇感惊讶。我想更多了解她的家庭情况和成长经历。她的母亲应该是一个非常有同情心、非常亲切的人，对杰西是真的关心。那么父亲呢？后来发现，杰西父亲有着更加极端的责备型模式。亚当斯先生是一位成功的律师，他认为自己之所以成功，是因为他在任何时候都坚信自己是对的。杰西从小就听父亲大骂别人是多么愚蠢、无能、无聊。杰西在谩骂声中长大。很明显她"传承"了父亲的愤怒模式，而又因此得到父亲的肯定，认为杰西的言行就是聪明和睿智的表现。

大部分人认为与杰西和亚当斯这样的人争吵只是浪费时间。他们认识不到自己的问题，也不大可能接受批评。他们只能批评别人，哪能让别人批评自己。有人指出他们的缺点或批评他们时，就很容易点燃"炸药桶"。杰西就是这样。每当母亲或老师试图向她指出错误，她就会猛烈反击，列举对方的种种不是，声称是对方的一系列不当行为才导致了她做出这样那样的行为。

控制型

控制型的人向来飞扬跋扈，行为顽固无情，要求所有人都向他们俯首称臣，唯马首是瞻，对家人尤其如此。他们要求孩子无条件服从，哪怕是再小的事也需要其点头才行；不管配偶要做什么——购物、计划任何活动，哪怕是改变个人形象——比如换发型都必须征求他们的同意。

一旦有人胆敢质疑他们的权威或私自开展行动，他们就会爆发，报复那些违背（通常是未遵照他们的指示行动）了自己的人，愤怒地将火气撒在对方身上。比如拍桌子、摔门、砸墙，甚至打人。还有些人的报复手段隐秘一些，比如和对方冷战，拒绝表达情感，拒绝性生活，拒绝帮忙，等。台词就是："照我说的做！否则你会后悔的。"

"照我说的做！"

黛比是一位控制型母亲，什么事都必须按自己的方式来。如果孩子们不顺着她的意，就会惹恼她。她会满屋子地骂他们不尊重长辈，同时必须得让他们损失点什么才行，以示惩戒。例如，谁如果不听话，她就会取消之前承诺过的去市里购物的安排。她这样向我解释道："谁不听我的话，照我说的做，谁就没有好果子吃。就这么简单。他们都不在乎我，我为什么要对他们好？"

黛比对丈夫也是同一套逻辑："他在单位说了算，那么在家里就得我说了算。他总的来说对我的厨艺和家务挺满意。但如果他敢有不同意见或反对我，那就别怪我无情了。接下来的几天他都得吃外卖，然后自己去洗衣房洗衣服。这样或许他就能学会如何更尊重我的付出，而不是挑战我的权威。"

黛比具有和大多数控制型的人一样的典型特征，即可以通过惩罚、责骂、羞辱、吼叫、推搡、砸东西甚至殴打等方式，让人照着自己的想法做。她要丈夫和孩子们都怕她，这样她才可以事事得逞。恐吓是控制型的人的惯用手段——让人害

第四章　变奏曲：二级愤怒模式

怕自己，便可得到权力。

不幸的是，控制型的人如黛比往往会为此种"恐吓"和"控制"付出惨痛代价。大多数人的配偶会因受不了而提出分手或通过出轨、乱花钱或其他方式报复对方。他们的孩子会因长期被人控制产生怨恨情绪，逐渐疏远家人；不少人开始欺凌弱小，给其他孩子带去精神和身体上的伤害；甚至还可能因为对权威人物抱有太深的怨念而触犯法律。严重的精神伤害伴随着他们的成长，成人后要么也找一个控制欲强、打骂成习惯的人结婚，要么自己就变成一个控制型的人。很多人由于无法与同事和平相处而无缘升迁甚至丢掉饭碗。而部分有暴力倾向的控制型的人还会变成警察局的常客。

施虐型

虽然许多人都会在某个时候对他人进行言语、精神或身体上的攻击，但那些有施虐型愤怒模式的人却是"全天候"地发作着。施虐者从不或极少尊重别人，却希望别人永远尊重自己。他们的任何需求都至关紧要，但对于他人的需求和感受，他们毫不掩饰地表现出不屑一顾的态度。下面是此类人的基本特点：

- 不讲道理，苛求他人；
- 霸道；

- 自己的问题却怪罪他人,一旦受挫,就拿他人出气;
- 倾向于滥用权力、控制力和权威;
- 倾向于言语攻击;
- 经常在情绪甚至行动上进行发泄,迫切想要报复别人对你的轻蔑或冒犯——无论这些"轻蔑或冒犯"是客观存在还是只是你的想象;
- 无法站在对方角度看问题;
- 过强的嫉妒心和占有欲;
- 情感需求强,需要有人持续关注、欣赏或赞扬。

施虐型愤怒模式兼有其他攻击型愤怒的元素,外加一些额外特征,如缺乏同理心、嫉妒和贫穷,往往比责备型、控制型和爆发型表现更极端。

许多和施虐型的人接触过的人,生活都受到了很大的影响。他们辱骂同事或员工,羞辱、厌恶服务人员,盛气凌人地对待孩子。一旦出错就责备他人。

毫无疑问,要承认自己是施虐型愤怒模式或虐待型人格绝非易事。但为了改进,必须勇敢直面自己。如果仍不确定自己是否真的是施虐型,请尽量诚实地回答以下问题。

▷▷▶小测试:你是施虐型吗?

1.当别人不听你的劝告或不按你说的做时,你会生气吗?

2. 你会故意指出别人的弱点或缺陷以彰显自己的优势吗？

3. 生气时经常辱骂、诅咒别人吗？

4. 经常发脾气，对别人大喊大叫吗？

5. 生气时经常摔门或扔东西吗？

6. 是否曾威胁要伤害别人或毁坏别人拥有的有价值的东西？

7. 曾在盛怒时推搡过别人吗？

8. 想要通过生气来释放情绪时，会放纵自己的行为吗？

9. 是否曾经在愤怒时对他人进行过口头上、情感上、身体上或性方面的虐待？

10. 伴侣是否曾因你的愤怒而离开你或威胁要离开你？

11. 你是否曾因自己的愤怒失去工作或晋升机会？

12. 你是否曾因自己的愤怒失去朋友？

13. 你是否曾因自己的愤怒被捕？

如果对其中一个或多个问题的回答是"是"，则你很可能有施虐型愤怒风格。这并不意味着你是坏人。大多数施虐者都曾受过虐待；他们会无意识地重复这种模式，并将虐待行为传递给其他人。很多人意识不到自己正在施虐，反而以为自己是受害者。所以你要努力改变这种消极的愤怒方式，把它变成另一种更积极、更有建设性的方式。

发泄怒火

文斯来找我是因为妻子前不久离开了他。他在我们第一次谈话时说:"我想她回来,除非我学会控制自己的怒气。我承认虐待她——大多是口头上的,有时也推搡,我知道会吓到她。我从来没有打过她,但就差一点了。"

我问文斯是否知道自己为什么会那样,他说:"我知道这是不对的,但我还是做了。我想要发泄,想大喊大叫,把事情说出来的感觉太好了。那一刻我便不在乎妻子的感受。事后很后悔,但每次发飙时,却不在乎。"

对一件事若自己不愿承认,改变便无从谈起。文斯已经迈出了第一步——承认。他没有狡辩说是妻子让他发脾气,没有找任何借口。

消极型的细分类别

如果你认为自己属于消极愤怒模式,下列问题将帮助你进一步确定细分类别。

▷▷▶小测试:你的次要愤怒模式是什么?

1. 你很少甚至从不生气吗?
2. 你无法辨别自己何时生气吗?
3. 你生气时,是否感知不到身体各部位的感受——你能感觉身体有什么反应吗?

4. 是否别人指责你生气,但你自己却毫不自觉?

5. 你是否回想起某件事时才意识到当时在生气,但事情发生时却完全感觉不到自己的愤怒?

6. 是否经常对自己的愤怒程度感到惊讶?

7. 你是否认为愤怒是一种非常消极、具有破坏性的情绪,应该不惜一切代价避免发怒?

8. 你是否害怕发怒?

9. 你是否试着永远不发怒?

10. 你是否觉得发怒或让别人知道你在发怒会有失身份?

11. 当谈话变得激烈时,你是否经常找借口结束或退出谈话?

12. 你是否有意识地努力压下愤怒?

13. 当你真的生气时,是否试图说服自己不要生气,或者转移自己的注意力?

14. 你是否有时会用吃喝、饮酒、吸毒、行窃、赌博或做爱来避免或应对愤怒?

15. 你是否怀疑吃喝、吸毒、行窃、赌博或性瘾等问题的根源就是愤怒?

16. 你不允许自己对别人发火,反而责备自己,认为是自己的问题才导致对方做出了有关行为?

17. 有人说他们生气是你的责任。你是否赞同这样的说法?

18. 你是否认为自己激发了别人最坏的一面?

19. 你是否有抑郁倾向？

20. 你是否曾因为别人在情感上、身体上或性方面对你进行虐待而责备自己？

如果对问题 1~6 的回答多是"是"，就是否定型；如果对问题 7~11 的回答多是"是"，就是逃避型；如果对问题 12~15 的大部分回答是"是"，就是暴饮暴食型；如果对问题 16~20 的大部分回答是"是"，则是自责型。

否认型

这类人会拼命否认自己的愤怒，以至于常常意识不到自己在生气。他们之所以不生气，是因为害怕自己的愤怒，认定愤怒会导致虐待。抑或是因为他们担心一旦发怒，别人会怎么对待他们。有人能够将自己的愤怒推翻到竟没人知道他们在生气的程度。另一些人能表现出愤怒的迹象，但如果有人指出他们在生气，他们自己也完全意识不到。

"我从不生气"

来访者卡丽跟我分享道："我从不生气。有时人们的所作所为让我伤心，遇到一些事使我很沮丧，但我就不生气。"一个人怎么可能从不生气呢？那些自称从不生气的人不过是在否认愤怒。否认是一种无意识的防御机制，它帮助人们承受巨大的痛苦，从最糟糕的境况中生存下来。如果没有这种防御机制，会很难忍受生活中的种种逆境。但否认也会让人逃避健康生活所必须要直面的不良感觉。人有时候会害怕自己的愤怒，于是就否认它的存在。人们要么压抑（无意识地否认），要么抑制（有意识地选择逃避）愤怒，以至于将自己与愤怒分裂开来。

卡丽童年时经常目睹父亲的愤怒。他大喊大叫，乱扔东西，死命用拳头捶打墙壁。有一次，他乱扔花瓶，差点砸中卡丽的头。她变得害怕父亲，害怕愤怒。

做了几周咨询后，卡丽终于能够找到自己躲避愤怒的根源："我承受不起对父亲发火的代价，让我感到不安全。所以说服自己——'我一点也不生气。'"别说把对父亲的愤怒表达出来，哪怕只是承认愤怒，对她而言都不安全，所以对其他人生气也不安全。毕竟，自己可能会像父亲那样爆发愤怒。

逃避型

逃避型与否认型不一样，他们通常能意识到自己的愤怒，但会从一开始就有意识地避免生气。若已经生气，便会忽视或压制自己的反应。逃避型或许能意识到自己正在生气，但不会让他人知道。与人谈及自己的感受时你会非常谨慎，会刻意不让人察觉你在生气，这是你的政治手腕。有些人会一连数小时、数日甚至数星期生闷气；很多人会怀恨在心，无法原谅对方。

"别让人看见你流汗"

来访者布鲁斯说:"你肯定听过这样的说法——'别让人看见你流汗。'我认为不应该让人看到我生气。我会拼命避免生气,因为我不想让任何人觉得可以左右我。只要我不生气,我就不受任何人支配。"

不幸的是,除愤怒外的其他情感,布鲁斯同样无法表达。于是他前来咨询。妻子指责他冷漠无情,威胁要离婚。布鲁斯向我解释道:"她希望我能随意流露情感,但那不是我的本性。我爱她,我不想失去她,但我装不出来。"

我了解了一下布鲁斯的经历。他母亲情绪激动,时而愤怒,时而抑郁。她有时会哭上几个小时,曾两次试图自杀。母亲的情绪化让布鲁斯害怕至极,连带把自己的感情都压抑了。

暴饮暴食型

暴饮暴食型是用食物或其他东西平息愤怒的否认型或逃避型。他们不承认、不感受、不发泄愤怒,而是暴饮暴食、抽烟、喝酒、吸毒,这样就可以发泄愤怒,避免面对那些对他们不公的人。

"我为什么要和她说话?"

费莉西亚想知道自己为什么会强迫性进食。在这儿几个疗程后,她觉得舒服了很多,能与我分享她对母亲的愤怒了:"在我成长过程中,她对我很不好,现在却希望和我当朋友。我小时候,她没有时间陪我,现在我为什么要和她亲近?我为什么还要和她说话?"

费莉西亚的母亲现在一直在努力对她好,所以她为自己生母亲的气感到内疚。每当母亲打电话来,尽管费莉西亚内心很愤怒但都尽量礼貌地交谈。但她一挂电话,就会打开冰箱,把能吃的都吃了。

又经过几次咨询,费莉西亚找到了更多症结所在:"我试着用食物压下所有的怒气,但压不了多久。下次跟她说话时,又会生气。如果我想减肥,我就得把真实感受告诉她,即使她现在对我很好。"

关于暴饮暴食和情绪之间的联系已有多项研究。1993年,拉塞尔和谢尔克对535名被试者进行了一项深入调查,发现进食是对几乎所有情绪的反应,其中"不公正、怨恨、歧视和拒绝"是引发进食的常见因素。在伍德曼(1980)对20名肥胖妇女的进食模式和性格特征的研究中,她观察到所有20名受试者都存在把进食作为抑制愤怒的方式的现象。受访的肥胖女性均很少表达愤怒这一情绪。

催吐被视为暴饮暴食症患者的自我惩罚行为。但1983年的明茨研究表明"呕吐长期以来被认为是愤怒的表达"。1994年,瓦伦蒂斯和德文发布了催吐的"生理和镇静"成分。他们认为"催吐是对本人及其愤怒情绪的一种保护手段"。论文作者引用了治疗师帕姆·基伦的解释，即呕吐释放的内啡肽可以"安抚愤怒，并对杀意起到抑制作用"。

使用化学物质抑制愤怒被社会所接受，颇为常见。西布鲁克发现高风险饮酒者更易怒，其身体表现出更多的愤怒症状，如头痛和颤抖，并常沉浸在愤怒的想法里。这些女性不太可能以健康有效的方式讨论自己的愤怒。有愤怒症状的女性（例如，生气时会头痛）会喝更多的酒以及服用处方药。

自责型

自责型通过将怒火转移到自己身上以避免对别人的愤怒。他们不承认自己对某人生气，甚至不承认自己有理由生气。他们将事件归咎于自身问题，总是为他人的行为辩护，声称错在自己。自责者通常会说："如果我没有……（说错话、没做好饭、用不礼貌的眼光看他），他就不会……（吼我、打我、跟其他人调情）。"

自责型与责备型截然相反。前者往往对别人比对自己更有同情心，后者则几乎没有同情心，只关注某件事或某个人对自己的影响。自责型和责备型往往互相吸引，形成极度失调甚至虐待的关系。

完美的组合

克拉克几乎将所有错误都归咎于温迪：上班迟到，那是因为温迪忘了叫醒他；没有按时完成报告，那是因为温迪的父母来访，他不得不招待他们；肚子疼，那是因为温迪的厨艺不行。温迪认为她对所有的错误都负有责任，这助长了克拉克的责备倾向。她毫不留情地责备自己，没有在克拉克上班前叫醒他；她对父母来访占用了克拉克写报告的时间感到内疚；她坚信自己厨艺糟糕。每次克拉克生她的气，她都会下决心今后要做得更好，并因此一直努力着。但是她总会做错事让克拉克生气。她就不是一个好伴侣。

消极攻击型的细分类别

在确定了自己是消极攻击型之后，下列问题可进一步确定你属于该类型的哪一个细分类别。

▷▷▶**小测试：你的次要愤怒模式是什么？**

1. 如果有人让你不满，你是否倾向于想方设法予以报复，而不是直接找他谈？
2. 是否曾为暗中中伤别人，如偷拿对方东西、散布谣言或弄脏对方的食物而感到过愧疚？
3. 是否有人指责你以下三滥的方式报复别人？
4. 是否觉得报复的感觉很爽？是否喜欢那些描写一个人偷偷报复另一个人的小说或电影？

5. 是否常忘记做曾答应对方的事？

6. 是否经常迟到或不小心损坏别人的物品？如果是，有没有想过这些可能是自己报复对方的一种方式？

7. 是否常答应帮对方但又没能做到？

8. 是否经常因为没有完成任务而倍感压力？

9. 是否因为须以某种既定的方式或在规定的时间内完成某项任务而感到压力？

10. 是否经常不能理解，既然我都已经在做一件事了，不过是没有做完而已，为什么别人仍要对我生气？

11. 不会把自己的愤怒告诉对方，而是生闷气？

12. 是否会通过翻白眼、扮鬼脸或叹气等方式表达自己的不快或愤懑？

13. 是否常通过疏远或"冷处理"来惩罚别人？

14. 如果配偶没有照你的意思做，就会在感情、性、金钱等方面"克扣"对方？

15. 如果孩子们让你失望或不拿你的话当回事，你就会通过不准他们做这做那、减少对他们的关爱、"克扣"零花钱等方式惩罚他们？

16. 是否为自己很少或从不在人前表现愤怒而骄傲？

17. 是否认为生气发火有失身份？

18. 是否认为避免生气是心理健康或精神文明的标志之一？

19. 是否吃惊于有人竟然说你时常生气或控制欲强？这跟你眼

中的自己完全不同啊。

20.如果努力装出高兴的样子，再生气都一定可以释怀？

若前四个问题你的回答大多为"是"，表明你是一位暗算者；若第5~10项多数符合，表明你是一个逃避大师；若第11~15项多数符合，表明你是一个闷声闷气者；若第16~20项多数符合，你则是一个伪装者。

暗算者

暗算者会偷偷地报复惹他们生气的人。他们不会直言相告，而是暗中策划报复行为。尽管间接表达愤怒是所有消极攻击型的人的共同做法，但暗算者的主观性要强得多。

暗算者在以下三类人中较为常见：精神或身体上被配偶虐待的；不敢或不愿当面指正对方的；不敢或不愿终止这段关系的。他们常告诉我，他们是如何把尿、烟灰甚至狗屎混入配偶的饮食中的。

"走着瞧"

凯伦对同事罗宾非常愤怒，因为罗宾偷了凯伦的点子报告给领导，并得到了领导表扬。凯伦没有把罗宾叫过去当面质问，而是选择了沉默。"有你好受的，走着瞧吧。"她心里暗暗说道。

大约过了一个星期，凯伦发现机会来了。罗宾外出午餐时，把一份重要报告放在了桌面上。凯伦拿走了那份报告并将其藏在了储物间。罗宾回来后，疯狂地寻找那份五分钟后开会就要用到的报告，凯伦只是静静地看着。罗宾问凯伦有没有看到过那份资料，凯伦说没有。看到罗宾惊慌失措的表情，凯伦心里暗自高兴。最后罗宾不得不空手走进会议室，向领导解释自己忘记放在什么地方了。凯伦报复成功。

逃避大师

和绝大多数消极攻击型的人一样，逃避大师们很反感被人吩咐该做什么或怎样做。他们不会公开为自己争取，说"我不想做这个"，而是通过耍手腕试图摆脱工作。装可怜、装傻都是他们的惯用手段。比如你妻子这周末要出城两天，要你把衣服洗了。而你早就计划好了如何度过这么一个难得的清静的周末，听到这话，相当不爽。但你不会告诉她你的想法，而是说你很愿意帮忙洗衣，可惜完全不懂如何洗："我担心会伤衣服，褪色什么的，还是等你回来再洗吧。"

逃避大师们不仅反感被人指挥做什么不做什么，他们甚至不愿被人安排做任何事。他们倒不会因此与人对立，反而会先应下，但又很不情愿去落实。他们会有意忘记答应之事。一旦有人提醒，他们则会发火，声称自己不需要任何人的提醒。然后再一次忘记。

"我就是个不负责任的人"

这种策略或许能阻止人们向你提要求，但你很快就会背上不负责任的名声，甚至可能会伤害自己或他人。我的一个客户就是例子。

玛茜是雅各布的妻子。她希望丈夫能负责保养汽车。她觉得这是男人的分内事，毕竟她对汽车一无所知。她想让雅各布定期给车更换机油，做好维护保养。雅各布不喜欢别人告诉他该做什么。他对妻子的要求一声不吭，觉得是妻子控制欲太强。每次玛茜问他有没有换机油，他都会变得过度防御，叫她别再提醒他。他会说："我是个成年人。你不要用对孩子说话的方式跟我说话。"玛茜觉得他或许有理，也就不再提醒了。一天深夜，玛茜从父母家开车往回走，引擎警示灯亮了起来。此时离最近的服务站还有几英里远，她不得不继续往前开。突然汽车开始冒烟，玛茜立即靠边停车。她刚从车里出来，车的整个前半部分就被大火吞没了。汽车起火的原因是雅各布已经两年多没换机油。他忘了。

许多逃避大师把拖延作为一种无声的抗议方式，表达对被人要求去做事的不满。只要有人要他们做事，不管什么事，他们都会觉得有压力。例如，你可能会答应别人做某事，但却怨恨对方强加于人，然后会一直拖延下去。如果有人问你打算什么时候开始，你含糊着说快了快了，或者拿抽不出时间当借口。

你还讨厌别人以任何方式推着你朝前走。推的人越多，你就越反感，工作做得越慢。如果有人抱怨你行动迟缓，你会坚持说自己已经尽力了。你永远只会踩着最后期限的点儿做完工作。那时候，同事已经完全被你激怒了。他发誓不会再要求你做任何事，绝不再和你一起工作。正合你意。你的拖延战术成功向别人委婉地发出了强烈的信息："不要让我做事。别指望我。"

闷声闷气者

闷声闷气者会以非常间接的方式让别人知道他们在生气。他们不会大吵大闹，不会怒气冲冲，也不会直言相告。此类消极攻击型的人会愠怒、退缩、沉默、露出或恶劣或可怜的表情。一声叹息是他们最喜欢的沟通方式。他们多半会拒绝真正的交流，直到自己的需求得到满足。若有人质疑他们的行为或态度，他们会否认自己在生气，反而指责对方才是那个真正愤怒，试图挑起争执，无中生有的人。

他们还会通过"克扣"给孩子的爱或给伴侣的感情、金钱及性生活来表达愤怒。这样他们就能控制别人且不用冒风险。一个习惯隐藏愤怒的人没有足够的勇气表达愤怒，但同时又想让对方知道自己很生气，这样对方便会停止做他们不喜欢的事。他们控制住了愤怒，同时也清楚地传递了信息——"我很生气，这是你的错。"

第四章　变奏曲：二级愤怒模式

"行吧，我会照做，不过你也别想好过"

只要未能称了珍妮的意，她就不会让丈夫史蒂夫好过。一天下午，珍妮给正在工作的史蒂夫打电话，说晚上她想去最喜欢的那家墨西哥餐厅吃饭。史蒂夫说正准备给她打电话，晚上一位同事邀请大家去一家新开的时尚餐厅。珍妮不想去，想说服史蒂夫也别去，然后和她一起去吃墨西哥菜。但史蒂夫说不想让同事扫兴，他自己也一直想去新餐馆看看。珍妮生气了，觉得史蒂夫没有把她的感受放在第一位。但她什么都没说。

在去餐馆的路上，珍妮生着闷气。史蒂夫问怎么了，她长叹一口气："没什么。"整晚她都沉默不语。她平时挺亲切健谈，那天却几乎没和史蒂夫的同事说话，这让史蒂夫不太舒服。她坐在那儿，两眼放空。史蒂夫好几次问："你还好吗？""有什么不对劲吗？"她仍只是说没什么。史蒂夫很生气，在回家的路上，他对她厉声斥责："好吧，我希望你高兴。你生闷气，成功地让我们今晚都不好过。我知道你想吃墨西哥菜，但至少装出开心的样子总行吧？"

伪装者

伪装者擅用甜蜜、充满爱的语言表达愤怒和怨恨。因此这种人具有强大的激怒别人的能力。当别人被其激怒而生气，他们会感到羞愧和困惑。"我做了什么吗？为什么生我的气？"

他们试图掩饰愤怒，但从未真正隐藏。事实上，他们相当懂得如何传达敌意。看看这些战术吧，有没有觉得眼熟：伴侣在你工作时打电话给你，你很生气。但你没有直接告诉他不要打电话或现在不方便接电话，而是撒谎说正有另一个电话进来，然后让他在线等了五分钟。伴侣化了妆，穿着短裙，你当着她的面向朋友抱怨很多女人为了让自己看起来年轻，用太多化妆品，穿短裙。你告诉伴侣，朋友们都觉得他在昨晚的派对上喝多了，出了丑。当他问你是否也这么觉得，你说不，告诉伴侣他只是有点站立不稳罢了，但也挺可爱的。

外表甜蜜，内心愤怒

莱克茜就是一个此类愤怒模式的典型例子。表面上，她贴心、积极，内心却满是愤怒和抗拒。她是严格的宗教徒，曾在一个属灵社区住过，相当潜心于宗教实践。她非常平静，聚精会神，几乎接近冥想的状态。她的声音低沉悦耳，措辞优美。但平静的外表下，莱克茜是一个容易愤怒，控制欲极强的人。任何人都必须按她的方式做事。如果她认可你的做法，就会不遗余力地支持你；如果她不同意你的意见，或者你不小心哪儿冒犯了她，另一个莱克茜就会出现。留心观察，或能捕捉到些许甜美微笑下怒气不断堆积的迹象——肢体僵硬，下巴紧绷。若非仔细留意，就会被她甜得发腻的语言欺骗。她能找到最好、最微妙的方式让你失望，巧妙得让你过了许久才会意识到自己已被捅了一刀。

他们有时会意识到自己的分裂,其余时间并不清醒。莱克茜深信自己带给人的感受全是温柔和愉悦。一次,团体的一个成员对她直言相告,她完全不相信自己的耳朵,不过态度仍然很温柔,亲切回击:"真不知道玛格丽特什么意思,竟然说我脾气不好,说我有控制欲。怎么可能?我可是一直努力让自己尽量无欲无求。我认为人人都应包容别人,都应顺其自然。她肯定是把自己的问题推到我身上。再说了,她以为她是谁,竟然来评判我?"

但玛格丽特并不是唯一一个感受到莱克茜的愤怒和控制欲的人。随着团体中的其他几个成员也先后跟她摊了牌,莱克茜被迫审视自己:"经过严肃的自我反省,也收到更多别人的意见,我终于开始思考自己的问题。我只注意到自己积极的情感,隐藏了消极的一面。然而我越无视它,它就越来越严重,最后渗透到各个方面。我说的话和我的主观意识可能的确是积极且包容的,但潜意识却是打击那些不同意我的人。怎么现在才恍然大悟!"

投射攻击型的细分类别

如果你觉得自己的愤怒模式是投射攻击型,下面这些简单的问题能帮助锁定你的具体模式。

▷▷▶ **小测试：你的次要愤怒模式是什么？**

1. 经常觉得别人在生你的气或是针对你？
2. 是否一直觉得别人在生你的气，尽管对方否认？
3. 是否多疑，不信任他人？
4. 害怕别人的愤怒吗？
5. 当有人反对时，你允许自己生他的气吗？
6. 很少生气，但经常成为别人怒火的受害者？
7. 害怕自己生气，也害怕他人生气？
8. 你认为生气是不对的吗？
9. 是否经常向身边的人抱怨别人的行为，心里希望他们能为你做些什么？
10. 你愿意让别人来处理你与他人的冲突而不是自己解决，即使这事与你密切相关？
11. 是否曾经和具有攻击型人格的人密切接触？
12. 曾经和一个在情感上、身体上、性方面虐待你或孩子的人有过亲密关系吗？
13. 是否经常被紧张、愤怒或咄咄逼人的人所吸引？
14. 愤怒的人经常被你吸引吗？
15. 是否经常惊讶地发现错看了某人，以前没发现他是个容易动怒的人？
16. 愤怒的人会在人群中挑出你吗？
17. 你是否有与愤怒或攻击型的人接触的习惯？

若对1~5中大多数问题的回答是肯定的,就是我所说的"腹语者";如果对6~12中大多数问题的回答是肯定的,就是"无辜受害者";如果对13~17中大多数问题的回答是肯定的,则是一个"怒气磁石"。

腹语者

他们像专业的腹语演员,用他们的声音使玩偶看起来像在说话一样。腹语者发泄愤怒,会弄得仿佛是别人在生气。和那些习惯否定或逃避自己的愤怒情绪的人一样,腹语者一直在避免生气,但并不隐藏怒火。他们会下意识地以一种更阴险的方式避开愤怒——把愤怒投射到他人身上。投射是一种防御机制,允许你否认自己不赞成的性格或情绪。当你投射愤怒时,你会在他人身上看到原本属于你的愤怒,即反射回来的自己的怒火,就像在看镜子里的自己。

很多腹语者从不被允许表达愤怒,流露丝毫都会受到严厉惩罚。有些人的父母脾气相当暴躁。在这两种情况下,他们均认为愤怒是一种必须避免的消极情绪,很早便学会压制情绪。可惜的是,压抑的愤怒并不会神奇消失,而是潜入心灵深处,等待爆发时机。比如近乎偏执地不信任别人。

不少腹语者认为世界是一个不安全的地方,他们必须非常小心,不能相信任何人,变得过分怀疑别人。即便没有证据,也总觉得别人不怀好意。一些腹语者会有少数几个信任的人,却也总是提心吊胆。

就像其他消极攻击型愤怒模式的人一样，腹语者不知道自己有多生气，还经常认为别人在生他的气。罗伯特就是一个很好的例子。

"我到底对他做了什么？"

罗伯特的邻居砍倒了一棵能在夏日为他的后院遮阴的大树。他非常生气，想走到邻居家揍他一顿。但罗伯特的家庭教育他愤怒不仅是一种不可接受的情绪，而且还很邪恶。他小时候每次生气，都会受到严厉的惩罚。所以罗伯特总会试图把愤怒从脑海中赶出来。这次他也成功了，把愤怒塞给了邻居。罗伯特认为邻居在生他的气，并开始相信邻居砍树是为了报复过去零碎的小摩擦。

第二天罗伯特对妻子说："老婆你是没看到，那天我开车上路时奥斯卡看我的眼神，那叫一个邪恶。他绝对是在生我的气。我到底做了什么？是对我们上周末的车库甩卖有意见还是有人在他门口停车惹到他了？"

罗伯特的妻子不以为然。她提醒罗伯特，奥斯卡来过，还买了些工具走。但罗伯特认定奥斯卡在生气。他对妻子说："我还是应该过去跟他说清楚。"妻子吃惊地问为什么这样做，你连奥斯卡是否真在生气都不确定。她想说服罗伯特冷静下来，但他一点都听不进去。他独自一人去了奥斯卡家，指责他故意砍倒了那棵树。"我受够了你在背后用那些表情看我。为什么不像个男人一样面对面和我谈？"奥斯卡不知道该说什么，他完全不知道罗伯特在说什么。

罗伯特认为这是在保护自己免受奥斯卡的攻击，但其实是在保护自己不被自身愤怒伤害。通过指责奥斯卡，为自己的愤怒正名，避免感到内疚。

许多腹语者也会采取一种叫作投射性认同的防御机制，该过程中投射者会诱导接收者做出符合自己幻想的行为。例如，安妮塔恨自己花了太多钱购物。她知道自己有过度消费的毛病，一直在尝试改正，却不见起色。她开始讨厌没有控制力的自己。她知道花这么多钱要是被丈夫发现，他会崩溃的。于是在丈夫洗澡的时候，她才偷偷把购物袋藏进了家里。但她知道丈夫最终会看到信用卡账单。晚饭时，丈夫看到她做的菲力牛排，不禁说道："天哪，亲爱的，今天是什么重要的日子？"安妮塔听到的却是："你钱花太多了。"她回答说："我知道在你眼中我是个没有自控力的人，觉得你为这个家努力工作，而我不关心你。但你不必老抓着我花钱不放。我让你倒胃口，对吗？我就是个失败者，对吗？"安妮塔的丈夫并没有这些想法。这不过是安妮塔的自我感觉罢了。

无辜受害者

无辜受害者通常是那些看似被动的人。他们不会生气，总觉得自己是别人愤怒的牺牲品。在两性关系中，他们倾向于扮演受害者，让更强势或占主导地位的人掌控情况。遭丈夫家暴的妇女、允许丈夫虐待子女的妇女、甘愿被伴侣控制的人等都属此类。虽然他们并非是因为自己做了什么而招致对方的凌虐，但其消极的行为实际上助长了对方的气焰。

无辜受害者往往与虐待型的人搅在一起。前者被动，很少生气，却很可能与一个施虐型的人在一起。她越是克制怒气，伴侣就越肆无忌惮。无辜受害者的现象可以用荣格心理学中的阴暗面概念解释。即你越压制性格中自认不可接受的、厌恶的东西，越容易创造出一个被称为"影子"的阴暗面。影子概念也用于解释两性关系。人们容易被像自己影子的伴侣吸引，让伴侣替他们发泄被压制的情感。

如果你属于无辜受害者类型，你会害怕自己有怒火，或者你坚信生气是不对的。与其让自己生气，不如让那些咄咄逼人，有攻击性的人代为发泄愤怒。有时候你的消极行为会引燃别人的愤怒。你的本意可能并非要和某人对着干，但你的被动行为却有效地激怒了他人。

"你替我做脏活"

维吉尼亚在重男轻女的家庭长大。家长要求几个女儿迎合家里的男性，包括她们的弟弟。父母都喜欢男孩子，连母亲也很少和女儿在一起，打扫房子时除外。相较于姊妹，维吉尼亚的兄弟们在家里享有特权。长大后家里花钱送他们进大学,而告诉女儿们上大学是浪费钱。

维吉尼亚高中刚毕业就和一个出了名的性情暴躁的男人结婚了。在家人的期待下,维吉尼亚生了一个儿子和一个女儿。继承了家庭传统的维吉尼亚更喜欢儿子而不是女儿。她丈夫也讨厌女孩,除了惩罚她,其余时候都视若无物。丈夫对女儿非常残忍。维吉尼亚非但对女儿没有母亲天生的保护意识,反而助长丈夫的气焰。明知道抱怨女儿会给她带去更多的惩罚,维吉尼亚仍经常数落女儿的种种不是。最后,丈夫和大儿子开始对女儿进行性虐待。维吉尼亚仍然没有保护女儿,反而说服自己这是她自找的。

最后,一位老师将情况报告给了有关部门。维吉尼亚想重新获得女儿的监护权。她按照法官要求,参加了心理咨询。直到这时维吉尼亚才意识到自己是通过丈夫和大儿子来表达自己对女儿的不满。而这份不满,实际上是对自己母亲当年的漠不关心和偏袒产生的愤怒。

怒气磁石

怒气磁石吸引愤怒之人。因为暴怒、虐待的人会被消极被动的人吸引,后者允许自己被他人控制和主宰。同时,由于怒气磁石会抑制自己的愤怒,所以他们也无法发现别人的愤怒。哪怕周围的人都知道她找的那个对象脾气暴躁,她自己却一无所知。洛克茜就是这样。刚开始和特伦斯约会，朋友就告诉她不少特伦斯的负面消息，说他非常暴躁，大家都很为她担心。洛克茜对此不屑一顾，觉得朋友们想多了。有朋友对洛克茜说曾看到特伦斯朝一个女服务员发火，因为她没有给他端咖啡。洛克茜为他辩护，说每个人都有不顺的时候。

洛克茜和特伦斯交往以来，她的朋友们更加担心。特伦斯对洛克茜冷嘲热讽，甚至在她朋友们面前也是如此。他经常在小事上大发雷霆，怒气冲冲地离开。而洛克茜继续为他的行为找理由，拒绝相信他是一个暴躁的、虐待他人的人。直到特伦斯开始家暴，她才不得不面对真相。

不仅吸引愤怒的人，同时也会被愤怒的人吸引。倾向于压抑愤怒的人，常被那些能自由表达愤怒的人吸引。不仅仅是相异相吸。很多情况下，人们倾向于选择那些能替自己表达（无意识的）愤怒情绪的伴侣。

"你凭什么说他暴力？"

米娜吸引暴躁的男人。她第一个男朋友丹和别人在酒吧打架，被判过失杀人罪。目击者做证说，当时丹变得暴怒无比，对方已经被他打翻在地，他还是不停地殴打，把对方打昏过去。任何想劝架的人都会被他揍。虽然丹的几个朋友在法庭上做证时都说丹有暴力倾向，但米娜仍站在丹这边，在接下来的几个月里依旧去监狱看望他。

后来丹开始打米娜。对她来说这是一个天大的打击，她一直认为他是个绅士，一个不会伤害任何人的有爱心的人！第一次被打之后，她仍不相信他是个暴躁的施虐者。他声称从未打过女人。过了两个月，米娜被他打成重伤，不得不去医院。

当米娜的朋友们质问她为什么与暴躁的男人交往，米娜认为这不过是个巧合。

其实米娜自身就是一个非常暴躁的人。她害怕自己的愤怒，因为母亲也是一个情绪很不稳定、有虐待倾向的人。她害怕自己跟母亲一样。

第二部分

改变你的愤怒模式

第五章

迈出改变的第一步

第六章到第九章会讲一些具体策略，帮助读者改善不利于健康的愤怒模式及其衍生模式。不论你的愤怒模式属于哪一种，本章所展示的九步训练法都能助你踏上改变之路。步骤如下：

1.健康的愤怒；

2.找到愤怒模式的根源；

3.写下自己的愤怒自传；

4.发现不健康愤怒模式遮盖下的感受；

5.学习高效沟通，建立自信；

6.学会减压技巧；

7.学会管理愤怒；

8.凡有郁结，先解心结；

9.再问自己一遍，为什么想改变愤怒模式？相信自己可以做到。

当读到暴露你情绪问题的那些内容时，一定会感到非常焦虑和抵触。切记不要因此跳过任何重要步骤，否则就是自欺欺人。建议你准备一个笔记本或日记本专门记录你在情绪方面做出的努力。我的客户把这个本子称为"愤怒日记"。它能追踪一个人的情绪变化，让你发现愤怒的诱因，记录一路走来的脚步。之后我会推荐几种通过书写来进行训练的方法，请按要求完成。

第一步：健康的愤怒

愤怒就像一个机体内部的警报器，用来提醒人们有问题出现。有些人完全无视它，转身回去睡觉。这显然不是应对愤怒的正确方式。好比半夜你家烟雾警报器和防窃警报器突然响了，你只觉得无事发生，翻身继续睡。能不危险吗？正视愤怒，就得视之为一个警示，耐心寻找愤怒的根源。有些原因显而易见，有些却需要通过更多调查才能发现。一旦发现你所在环境的问题，发现与人、与己相处中存在的矛盾，便可以行动起来：要么改变环境，要么与人谈谈，要么着手处理导致你愤怒的情绪。

如果你能与愤怒和谐共处，就会理解愤怒其实和其他情绪一样，是生活的组成部分。你明白发怒并不代表你是坏人，人人都有生气的时候。你不会再逃避自己或他人的愤怒，你已明白愤怒是一个信号,告诉你有问题亟待解决。

通常情况下,我们会因为各种内外矛盾而发怒。例如,你想从对方那里得到某样东西,但被拒绝了。这种僵局导致了失落感,继而引发愤怒。解决办法是直接让对方知道你的感受,告诉他你需要他做什么。例如,与其以"你"开头(例如:"你从来不考虑我的想法和我的感受,你太自私了"),不如以"我"开头(例如:"我想让你更加关注我的感受")。如此可以更好地交流,且不会让人尴尬。

与愤怒和谐共处的人能够区分哪些情况下应该发怒,哪些情况下不应该生气。我们周围充满了危险的诱因:遇到一个慢条斯理的杂货店收银员、讲话被人打断、开车时被别车、停车时车位又被抢占、和朋友约好午餐却等了他很久等。此类琐事,如果都要生气,岂不是整天都要活在怒气里。健康的人懂得为了身心愉悦,必须忽视一些没那么重要、仅仅是轻微触犯自己利益的行为。他们必须区分什么是无足轻重的小烦恼,什么是需要解决的大问题——即选择适当的战场。若因为收银员动作慢就生气,未免太浪费时间和精力了。这种情况下深吸一口气,然后任他去吧。这种心态同样适用于被别车或车位被抢占等情况。但如果朋友迟到四十五分钟,你就得让他知道你很生气,否则这段朋友关系岌岌可危,搞不好下次你还得等他。

有的人知道如何积极利用怒气。他们知道发怒是为了解决问题，而不仅是发泄情感或伤害他人。他们懂得如何以一种合适的、节制的方式表达愤怒。情绪失控、大喊大叫或贬低他人都不可取。人应对自己的所作所为负责，即使在气头上，也不拿生气当借口去骂人害人。有人抢占了你准备停的车位，生气可以理解。合理的做法是从车窗里伸出头去："喂，我在等那个车位呢！"相比之下，下车走到对方跟前破口大骂"你浑蛋！没看到我在等那个车位吗？！"，既不合适，也不安全。

　　有健康的愤怒模式的人懂得区别建设性愤怒和破坏性愤怒。如果你为了维护个人利益和个人空间而发怒，但没有威胁或侵犯他人，即是建设性的愤怒。反之，当你试图通过威胁和破坏他人的利益来保护脆弱的自己，这种排斥性的呆板的做法，不管有意还是无意，都属于破坏性的愤怒。敢于正视愤怒，就能将愤怒从一个伤害彼此的武器转变为促进理解沟通和良性变化的工具。最具建设性的愤怒是能解决问题的愤怒，其意义远大于证明某个观点或宣泄情感。

　　另一种区分健康和不健康的愤怒的方式是看它是否合适、合理。必须告诉朋友你等了他很久，很生气。但朝他大吼大叫，或指责他是一个"只顾自己、不管他人、自私的浑蛋"就不对了。而在餐厅里大闹，当着一屋子人的面站起来攻击他就更过分了。

　　总的来说，怒气冲天即意味着不健康。这些情况包括：

- 发怒的频率过快。经常发怒预示着你的控制欲太强或太敏感。
- 怒气变得强烈。大怒没什么好结果。强烈的怒火常吓到别人,让人关闭心门,不愿听你解释。
- 发怒时间过长。如果不以健康的方式将怒气表达出来,愤怒就会一直存在。当你发现表达之后,怒气仍未平息,多半是因为你的目的是想羞辱或控制别人。如果怒气始终无法平息,身体系统就无法恢复正常水平,情绪则会进一步恶化。

以下是过分、无理的愤怒的几个明显缺点:

- 让对方消极应对。
- 不仅不会消气,还会让情绪更加恶化。
- 使自己对别人,甚至对爱的人出气。
- 引发反社会举动。
- 对人际关系产生困惑,似乎不发怒就无法与人相处。
- 激起更大怒气。

检验自己是否与愤怒和谐共处的另一个标准是看通过发怒达到预期效果后,能否及时消气。意识到问题所在,也和对方沟通了你的感受和需求,就该到此为止。只可惜很多人一发火就收不住。就像惩罚对方是因为怪对方惹恼了自己，却没有意识到发怒说到底不过是自己的选择。这一点在视愤怒为消极情绪，不喜欢失控的人身上表现较为明显。问题一旦解决就要向前走，不要沉湎于怒火。简言之，做到以下几点，就能和愤怒和谐共处：

- 意识到发怒是因为存在问题；
- 找到问题所在；
- 对问题采取适当的应对措施（比如跟人谈谈自己的感受和需求）；
- 一旦宣泄了情感，解决了问题，就要罢手。

第二步：找到愤怒模式的根源

通常，人们关于愤怒的认知源自孩童时期。受家庭影响，多数人认为生气是一种消极情绪，只有小部分幸运儿觉得表达愤怒理所应当。愤怒模式多取决于家庭和社会。当到了形成自身愤怒模式的年纪，不少人找不到可供模仿的榜样，就会用父母对待彼此或对待孩子的方式来对待别人。下面一系列调查问卷和训练将会帮助你识别若干源于父母态度和举止的愤怒模式。

▷▷▶小测试：来自父母和文化方面的暗示

接下来的问题，答案没有对错之分，也没有评分等级，只是用来帮助你发现自己愤怒模式的根源。建议作答时不考虑用时长短，这样才能为分析自身行为提供独家见地。

1. 你母亲的愤怒模式是什么样的？父亲的呢？
2. 谁的愤怒模式和你的最相似，母亲还是父亲？
3. 有没有想过其实你并不愿像父母那样表达愤怒？
4. 你小时候觉得哪种愤怒表达方式最合适？压抑还是发泄？
5. 家里边你最认可哪一种表达愤怒的方式？
6. 在你生长的文化（伦理、宗教背景）里哪种方式表达愤怒最被认可？
7. 关于表达愤怒，你在家人身上学到了什么？例如，你会在生气时和别人对峙吗？
8. 是否曾因为表达愤怒被家人惩罚？
9. 是否曾因为压抑情绪而受到家人奖励？
10. 家里男性是否比女性更有权利发火？放眼学校、街区、文化或宗教等更宏观的环境，是否也是如此？

▷▷▶小测试：父母生气时是如何沟通的？

1. 理性地探讨问题还是发脾气？
2. 更愿意表达还是压抑情绪？
3. 容易因为对方的错误而彼此指责吗？

4. 经常争吵吗?

5. 会搞冷暴力吗?

6. 会朝对方大吼大叫吗?

7. 会在情绪和言语方面虐待对方吗?

父母是如何沟通交流的?你又是如何与他人沟通交流的?回答以上问题可以助你找到二者之间的联系。接下来动动笔,你会有更深的了解。

▷▷▶小练习:愤怒的遗传

1. 父母中谁更擅长处理愤怒?写下他或她是如何处理自己的愤怒的。

2. 父母中谁不擅长处理愤怒?写下他或她表达愤怒时的错误方式。

3. 当你发怒时,更像谁?写出一些你像他或她的表现。

4. 别人发怒时,你的处理方式更像谁?

调查问卷和练习旨在揭露一些不易面对的真相。我们越不想成为父母那样的人,越会事与愿违。如果父母易于冲动、有暴力或受虐倾向时,结果尤其明显。别灰心,一旦意识到了这些相似的点,就可以做出改变。

不仅父母或其他抚养人,一些痛苦的、创伤性的事件也会影响你的愤怒模式。下列练习会帮助你把事件和愤怒模式关联起来。

▷▷▶**小练习：你的愤怒决策**

1. 闭上眼睛，回想你所见过的最糟糕的一次别人发怒的经历。
2. 你如何看待那次体验中的自己？如何看待发脾气的那个人？
3. 那次经历是否决定了你如何看待愤怒以及今后对待愤怒的方式？如果是，就把当时的决定写在纸上或日记里。
4. 闭上眼睛，回忆上一次你特别愤怒的时候是何感受（例如是否感到尴尬、恐惧、羞愧），当时身体有何反应？
5. 该感受是否让你决定以后再来一次也未尝不可？如果是，写下来。
6. 回想上一次发怒，是否充分发泄了愤怒？有什么后果吗？别人对此有什么反应？
7. 发怒后感觉如何？对别人的反应，你有何感想？
8. 这些经历是否促使你在"今后如何表达愤怒"这一问题上做出某种决定？如有，请写下来。

改变消极的愤怒理念和愤怒模式是一个循序渐进的过程。第一步非常重要，即识别自己的愤怒理念和模式，追根溯源，梳理自己做出的如何对待愤怒的决定。

▷▷▶**小任务**：定期列举出尚能记得的父母（或者其他抚养人、权威人士）传递给你的有关愤怒的信息，包括语言及非语言信息（例如：生气时的面部表情），也包括你从父母彼此之间交流或者父母与你的交流中看到和学到的。

本章后面还会讲到愤怒理念方面的话题。现在进入第三步，让你对愤怒的理念和抉择的起源有更直观的认识。

第三步：写下自己的愤怒自传

一生中愤怒模式是可变的。它能由消极型转为攻击型，或由攻击型转为消极型，由消极型转为消极攻击型，由投射攻击型变为攻击型等。你或许小时候曾是坚定型，后来发现以公开和诚实的方式表达愤怒并不安全。你从大人那儿学到，掩饰愤怒的最好方法是表面上和和气气，背地里偷偷报复。或许你很小就学会否定愤怒的存在，责备自己，转而生自己的闷气。之后的人生中，被你压抑的怒气可能爆发出来，致使你对配偶、子女，甚至年迈的父母产生虐待倾向。

关于愤怒我们都有很多故事。从中可以看出我们的愤怒模式如何随着时间和情形的变化而变化。记录下自己关于愤怒的故事可以更清楚地了解愤怒模式的起源，弄清为何对待不同的人会有不同的态度。最重要的是，它让你看清楚情况，做出健康的改变。下面的问题和建议可以帮你更好地完成记录。

1. 研究你从出生六个月到高中的照片，注意面部表情和姿态方面的明显变化，对发生重大变化或遇到危机的时间点（例如兄弟姊妹出生、移居新城市、亲人离世、父母离婚、遭到性虐待等）要特别留意。

2. 你记忆中第一次发怒是什么时候？

3. 回忆小时候第一次发怒的情形，能记起当时的发怒方式吗？（例如，因为打了兄弟姐妹被家长责罚，因为打架斗殴、欺负同学、破坏公共财产被学校开除等。）

4. 回忆遭到霸凌、被家长或其他大人虐待的经历，思考在那之后你是如何发怒的？

5. 询问父母或兄弟妹妹，你在童年和青春期时是否表达过愤怒？如何表达的？

6. 还记得使你改变愤怒模式的特定事件吗？（例如，练习空手道后，你的愤怒模式由消极型转为攻击型；因为欺负妹妹被父亲打后，由攻击型变为消极攻击性型。）

7. 你认为愤怒算财富还是累赘？

我的愤怒故事

我愿和你分享关于愤怒的故事，供你在记录自己的故事时参考。

看着照片上6个月大的自己,我看到一个快乐、甜美的小婴儿,她有着天真的笑容。我看到下一张4岁时拍摄的照片时,却看到一个阴沉、愠怒的孩子,一副犯了错才有的挑衅的眼神。3年半的时间里到底发生了什么,让我有如此大的变化?关于那段时间我的记忆不多。我只知道,当年母亲喜欢的那个甜美的小婴儿已经长成一个有好奇心、有主见的孩子。她从不避讳说出自己的想法,也敢于质问为什么。母亲对此难以接受。她从小就被教育不要质疑权威,做一个"听话"的小女孩,要抑制自己的愤怒。母亲想改变我,她要我知道谁在当家做主,想要清除我身上所有的反抗意识。这有点像骑马之前必须要驯服它。50年代时的家长都这样,南方来的人尤其明显。不幸的是,打破孩子身上的反抗意识,也击碎了她的灵魂。

我母亲用不同的方式击碎了我的灵魂——我失去了部分活力和天性,自尊心降低了。然而她却使我变得更为桀骜不驯。和遭到父亲虐待的人一样,我因母亲的严厉和批评而沉浸在羞耻的情绪中,自尊心受到很大的伤害。我不得不创造出另一个"我"来掩盖真实的我,因为后者太脆弱,快撑不下去。

虽然我天性外向,喜爱社交,但在母亲面前我会表现得十分乖巧。而在她看不到的地方我就十分蛮横。幼儿园老师让我不要跟两个好朋友成天侃大山,我完全无视她,差点被退学。三年级时,海特老师因为我写字太小责骂我,我就在她房间门口写下"我讨厌海特太太"几个大字。我表达愤怒的方式变得更具攻击性。

9岁那年我遭到了性骚扰。母亲的铁腕和要我做"完美小女孩"的不合理期待已让我不堪重负,性骚扰更是雪上加霜。它似乎向我证实了一个事实:我是一个"坏种子",是一个恶人。无论发生什么破事都是活该。出于羞愧和愤怒,我将其他孩子也介绍过去与人发生性关系。其实是把自己所受的虐待转嫁于别人。作为弥补,我在家表现得更加温顺,不管母亲多么不讲道理,我再不多说一句。

也大概从那时起,我开始用暴饮暴食填补悲伤和愤怒。同学们因为我没有漂亮衣服而取笑、排斥我时,我就通过回家吃东西安慰自己。当母亲又开始骂骂咧咧,或独自关门睡觉留我一人不闻不问时,我就溜进厨房,把肚皮吃撑。

12岁时,我完全不是一个"好女孩"了,开始以更为公开的方式表达愤怒。我们搬到新的社区,那里的孩子比之前的邻居更喜欢在街头游荡。我开始抽烟喝酒,偷偷溜出去和二十多岁的男孩子约会。我每周末都去商店行窃,借此发泄怒气。后来我被警察抓住,塞进警车送回家。母亲用杏树枝条当着邻居的面抽打我,让我非常羞愧。回到学校我又一次变成一个好女孩。这一次,我开始隐藏愤怒。

我们搬到了新的社区,入读新的学校,有了新的开始。我还是用食物压抑愤怒,但是不再发泄,因为我被之前发生的事情吓坏了。即使我重新开始,母亲也不再相信我,总指责我说谎。我赢不了她，开始和她争吵。似乎我越独立，她就越想控制我。与此同时，母亲开始每晚喝酒，后来到了酗酒的地步。只要一喝酒她整个人就都变了，变得爱争论。我也不再尊重她，开始顶嘴，好几次都演变成你死我活的斗争。

如你所见，我多次改变愤怒模式。4岁时我从坚定型转为攻击型。我明白不能对母亲表现出攻击性，所以在她面前我是消极攻击型，她要什么我就听话去做什么，背后却是我行我素。遇上无法泄愤的情景（比如有小孩嘲笑我）以及作为一种自责的手段，又会变成消极型。到了青春期后半段，我可以在母亲面前为自己辩护，但方式极具攻击性。

▷▷▶**小任务**：现在该你写自己的愤怒故事了。不要考虑用时长短，可以像我一样分段写，先写童年，再写青年。

第四步：发现不健康愤怒模式遮盖下的感受

为了以健康的方式管理愤怒，就要找到潜藏在愤怒之下的深层感受。例如，如果你倾向于压抑愤怒，你可能之前经历了恐惧。如果每当事情出了差错你就习惯性地责备自己，你可能是背负着沉重的羞耻在生活。

恐 惧

基于前述"战或逃"反应，有人认为恐惧和愤怒是同一种情绪的不同表现形式。是愤怒还是恐惧，视具体情境而定（面前这个人有多壮？有枪吗？我的空手道技术还剩多少？）。

理论上选择战斗优于选择逃跑，但切忌对自己的能力有不切实际的判断，在体格或智力不如对手的情形下还要选择战斗。有人相信愤怒之下肯定隐藏着恐惧。还有一些人已经习惯用愤怒回应危险，以至于已经忘了恐惧的存在。例如，在酗酒或不健全家庭中长大的孩子很早就知道没有人可以依赖，他们必须快速成长方能自保。这些孩子是"小大人"，比真实年龄成熟得多。有些人要承担照顾年幼弟弟妹妹的责任，有些甚至要照顾虚弱、患病或不称职的父母。由于承担了太多成年人的责任，他们不允许自己有恐惧感。相反，他们戴上了虚张声势的面具，以此在艰难生活中杀出一条血路。

不幸的是，由于感知不到自己的恐惧和脆弱，他们长大之后很难与伴侣建立亲密关系，可能会对温暖的情感表现麻木，而对咖啡或兴奋剂等刺激性的东西产生依赖甚至上瘾。他们会被戏剧化、冒险的行为吸引。为了摆脱这些癖好，这些回避恐惧的人需要透过愤怒发现隐藏其下的恐惧。

悲 伤

很多人从小就被教导哭泣、悲伤都是软弱的行为。例如，卡梅隆在成长过程中，父亲经常说男子汉从来不哭。当他摔倒擦伤膝盖哭泣，父亲会嘲笑他是个爱哭鬼。被别的小孩打了哭着回到家，父亲会训斥说："你哭个不停，全校所有的坏蛋都会来欺负你。你必须坚强起来，做一个真正的男子汉。"

卡梅隆照做了。不仅不哭，而且不允许有悲伤、痛苦的情绪出现。他用愤怒来掩饰。如果有人伤害了他的感情，他就一定要羞辱他们；如果他被女人拒绝，他就谩骂她，说她不配；心爱的狗病了，必须给它安乐死的时候，卡梅隆也没有哭。他很爱他的狗，于是他对兽医咆哮，责怪其是个庸医。

总是用愤怒掩盖自己的悲伤，你可能难以与人维系亲密关系。坚硬的外表掩盖了你的痛苦，但也会让别人远离你。你将无法在情感上真正敞开心扉，即便没有任何风险。为了打破分隔你和他人、你和自己的壁垒，你要允许自己悲伤，哭尽不曾掉落的眼泪。

内 疚

我们常常用愤怒来抵御内疚感。例如，孩子受伤时，父母会不由自主地感到内疚。这是一种自然反应，即使并不是他们的责任。但未能保护好孩子，很多父母不是愧疚，而是用愤怒来掩饰。有些人拿孩子出气，责怪他不小心；有些人指责老师、警察或有关部门不作为，甚至指责法律。愤怒有时是合理的，但更多时候——特别是当你犯了原本可以避免的错误时——它只是抵御愧疚感的挡箭牌。

你心里清楚自己没有努力去挽救一段感情。当这段感情结束时，你开始感到愧疚。但你没有面对自己真正的情感，没有承担责任，而是怪罪对方。

为什么要让自己感受到隐藏在愤怒下的愧疚感呢？对自己的行为感到内疚有助于你对他人产生同理心。愧疚感激励你去忏悔、道歉、补偿、弥补，激励你对自己的行为负责。相反，用愤怒来抵御内疚，其实是在用不被接受的行为持续伤害自己和他人。将错误归咎于他人，你不会从错误中吸取教训。

羞 耻

对于很多人而言，特别是对于狂暴的人、指责别人的人和总是自责的人来说，羞耻是最能激发愤怒的情绪。羞耻感让人想躲藏、缩小或消失，这种愿望会变得非常强烈，让我们最终与他人渐行渐远。我们经常通过指责、攻击、怪罪别人达到这个效果。

羞耻感常常和内疚感混淆，其实并非一码事。当你内疚时，你对做过或忘记做的事感到后悔；当你羞愧时，自我感觉会非常糟。内疚时，你要知道犯错没什么大不了的；羞愧时，你要知道做自己也很好。

羞耻感会引发愤怒——被人羞辱的狂怒——你意图借此

从失败的过去和羞耻感中得到暂时的解脱。事实上,像《羞耻与骄傲》的作者唐纳德·内森这样的专家都认为"愤怒最重要的刺激源是羞耻感"。因为羞耻的产生通常涉及一个与你唱反调的人——不管这个人是否真实存在,所以这种愤怒很容易指向他人。

自卑的人最喜欢用愤怒对抗羞耻感。他们自尊心低下,感觉自己一无是处,自怨自艾,自我感觉糟糕,总觉得与他人不一样。以前家长总是对他们说"你很碍事""我宁愿没生过你""你不可能有出息"一类的话。

严苛的身体约束、情感虐待、被忽视、被遗弃都会产生羞耻感,传递出这样的信息:这个孩子真没用,没法忍受,糟糕透了。这些行为还表明成人把孩子当作毫无价值的商品,想怎么对待就怎么对待。孩子因此对所谓的不良行为和后果感到羞耻。(例如父母当着别人的面惩罚或殴打孩子:"你怎么回事?""如果你喜欢的老师知道你的真面目,你觉得她会怎么想?")另外,当一个人忍受了侮辱性的创伤,比如儿时遭遇的性虐待,也会产生羞辱感。

发现愤怒之下的情绪,你将会更清晰地认识到存在的问题,从而朝解决问题的方向迈进。下面的任务将对你有所帮助。

▷▷▶ **小任务：找出隐藏的情绪**

记录你在一周内生气的情况，即使是很轻微的生气也要记录。每一个事件，先描述发生了什么，然后努力找出隐藏的情绪（例如恐惧、羞耻、愧疚、沮丧、失望），同时用笔记下来。例如："马克现在知道我是什么样的人了，我担心他会离开我。我想这就是和他争吵的原因。我想在他拒绝我之前先推开他。"

第五步：学习高效沟通，建立自信

学习用直接且有建设性的方式表达愤怒情绪，这是将愤怒转化为积极力量的重要步骤之一。应该什么时候与人交流你的愤怒情绪？研究表明，愤怒发生当时就直接表达出来，是最健康、最令人满意的释放紧张的方式。

如何得知直接向对方表达愤怒情绪是有效的呢？愤怒至少有四种有建设性的表现形式。在决定面质对方前，先问问自己是否为以下一种或多种所驱使：

1. 让对方知道自己受伤的感受。
2. 改变眼前这让人痛苦的局面。
3. 预防同样的伤害再次发生。
4. 改善关系，加强沟通。

让对方了解你的愤怒最有效的方式是把你的愤怒翻译成一份清晰、立场分明的声明。这就是我们通常讲到的坚定型愤怒模式。很多人一想到发怒，就立即联想到大喊大叫、情绪失控的场景。其实若能用坚定、沉着的语气，温和的眼神，既无攻击性也不生硬的自信姿态进行沟通，表达愤怒也能是一件积极的事。在坚定的面质中，你要对你的情绪负责，讲清你的期望和底线。和攻击性的行为不同，坚定的行为不会把人推开，不会否认对方的权利，不会欺压别人。相反，坚定的面质建立在人人平等的基础上，反映出对对方权益的真心体察。

不论你现在是何种愤怒模式，学习让自己变得坚定都可以帮助你更好地沟通情感，表达需求。攻击型的人往往因为缺乏有效沟通变得沮丧，总觉得别人自成圈子。消极型的人不会直接、坚定地表达感受，常被人忽视或压制。消极攻击型的人用批判、批评、自认为高人一等的讽刺或低劣的复仇行为掩饰愤怒。不仅是由于害怕被拒绝和回击，还因他们无法坚定地向人表达自己的愤怒。而对投射攻击型而言，学会坚定地传达自己的怒火，能帮助他们认可自己的愤怒，不再将怒火投射到别人身上。

坚定的语言

讲话的内容和方式极大决定了你说的话别人是否愿意听。

没必要贬低别人（攻击型），你要做的只是表达自己的感受（坚定型）。重要的是，你要学会表达观点且对自己的情绪负责，不要仅凭单方面感受就责怪他人。如何坚定地表达愤怒？记住需包含两方面内容：

1. "我生气了"这个事实及我生气的原因。
2. 我想让你做什么？或我希望情况如何变化？

这里有个简单的模板——"我生气是因为……我希望你能……"当然，情况不同，具体措辞也会不一样。请务必遵循以下几个简单规则：

- 避免使用以"你"开头的句子。它不仅会让听者有防御心理，还会导致讲者有无助感。
- 尽量使用以"我"开头的句子，你会因此对所说的话更加负责。以"我"开头的句子重在传达讲者信息，没有批判他人的意思。
- 避免辱骂、羞辱或讽刺。
- 避免使用"永远"或"总是"一类的词。这些词会使对方感到耻辱和绝望，引起误解。
- 一定记得说出你生气的原因以及你认为能改善当前状况的方法。

坚定行为的重要表现

上述规则固然能助你变得坚定，但要成功转型为坚定型，还要从几个方面注意行为举止。为了使沟通更加有效，请遵循以下指导：

1. 良好的眼神交流。说话时看着对方会使沟通显得有诚意，也更直接。如果大部分时间都向下看或看着别处（消极型的人），就给人缺乏自信的印象。但是紧紧盯着对方（攻击型的人），对方也会觉得不舒服。

2. 注意姿势。以主动、端直的姿态直面对方会增强所表达信息的影响力。在维护自己权益的时候，建议你这样做。站立的姿势无疑会增加你的勇气，还会使别人更认真地对待、关注你说的话。

3. 注意与对方的距离和肢体接触。两人之间的距离对谈话效果影响甚大。近距离甚至触碰对方意味着关系非常亲密（在人群或狭窄的环境中除外）。这能让对方放松，让他相信虽然你说的话有些强硬，但你们的关系仍旧非常牢固。距离太近也可能让人胆怯，让他有受到冒犯之感，甚至产生抵触情绪。如果不确定是否入侵了对方的私人空间，不妨问他。

4. 注意面部表情。为了有效、坚定地沟通，面部表情要和语言及目标协调一致。用直白严肃的面部表情表达生气情绪是最佳方式。相反，消极型的人常常用无力的、微笑的表情传递信息。（想通过此类软弱的举止柔化自己的话。）友好的交谈中不应双眉紧蹙，这种表情让人不安。攻击型的人就算没有生气，也总给人一种生气的感觉。请确保你的表情和话语一致。

5.注意手势。合适的手势能突出重点，让语言既温暖又达意。相反，夸张、突兀、威胁性的手势，如用手指人、敲击桌面、紧握拳头等只会让人害怕。

6.注意声音、语气、音量及音调的变化。同样的话语，用愤怒、咬牙切齿的语气说出来和轻声、胆怯地说出来，表达的意思完全不同。若能有效控制声音，你就有了自我表达的利器。用录音机辅助讲话练习，尝试不同讲话风格，找到自己满意的那一种。

第六步：学会减压技巧

研究表明，压力越大，愤怒程度越高。由压力引起的愤怒很难有效控制，鲜能以积极方式予以化解，容易升级为肢体冲突或言语攻击。

前文提到"战或逃"反应使我们的机体可以快速应对紧急情况。我们的祖先不断受到野生动物的威胁，同时还得防范有人杀人越货。现代人虽不再面对如此多的人身安全威胁，但并非高枕无忧，仍会害怕有人夺走我们的财产，害我们失去工作，或伤害我们的孩子。即便我们想奋起抗争或选择逃跑，现实里也很少付诸行动。因为我们发现只有在诸如亲近的人或自己真正受到人身威胁等极端情况下，才有行动的必要。但我们的身体仍会察觉到危险，准备好随时逃离或迎战。面对压力，身体会出现如下反应：

· 激素和肾上腺素增加，促进机体释放更多能量，加快机体反应速度。

· 肌肉紧张，为战斗或逃离做好准备。

· 呼吸频率加快，向大脑输送更多氧气。

· 心率加快，血压升高，确保细胞充分供血。

· 消化系统功能降低，让更多血液流向大脑和肌肉。

· 瞳孔放大，让更多光线进入眼睛。

换句话说，机体正处于紧张状态。要如何处理升高的肾上腺素呢？如何处理紧张的肌肉和高度警觉的神经？一些人会表现出过度恐惧甚至恐慌。大部分人最终会把紧张转化为愤怒，朝周围的人——尤其是自己在意的人发泄怒气。紧张的一天结束后，我们会对爱人和孩子大发雷霆；有人说话难听，我们会反应过激，大喊大叫；服务员忘记端水上桌，我们会恼怒。我们的愤怒程度与他人得罪我们的轻重并不成比例。

不是所有的压力都由紧急情况引起。身边不少事都能引发压力。上班迟到属于短期的较小的压力源；严重疾病、财务问题或法律纠纷属于长期压力源。压力的累积引发了问题，随着时间的推移，压力能导致抑郁、焦虑、悲观和不满。压力之下，人变得易怒、不理性、充满敌意，别人会觉得很难与你相处。压力还会引起很多身体疾病，包括失眠、呼吸道问题、疲劳、头痛、胸痛、周身疼痛、心悸和眩晕、消化问题、食欲不振或暴饮暴食等。压力会提高血液中胆固醇含量，增加患心血管疾病和心脏病的风险。压力会削弱身体的免疫系统，从而增加感染风险。因此，降低整体压力数值，尤其是降低由压力引发的愤怒值显得尤为必要。

放松反应

放松是解除压力的主要方法。哈佛的赫伯特·本森医生是研究压力的著名专家。他认为每个人都内建有一套旨在防止压力过大的自我保护机制，这个机制叫放松反应。放松反应可抵消一部分交感神经系统的兴奋性，使"战或逃"反应（例如：愤怒被唤醒）不被激发，让机体恢复平衡状态。我们可以通过一些能作用于下丘脑触发低血压和低心率、降低交感神经兴奋性的活动有意引导机体放松。放松反应可以减少耗氧量和二氧化碳排出，使心率和呼吸频率同时减慢，稳定流向肌肉的血流，让机体回归安静、平静、放松的状态。

冥想、瑜伽、渐进放松、自我催眠、自生训练和生物反馈疗法等很多方法均可培养放松反应。在介绍放松技巧前须知，无论采用何种方法，均须齐备四要素：

1. 安静的环境。选择一个安静的环境，避免吵闹分散注意力。

2. 意识道具。使用声音、文字、意象、陈述、凝视等"道具"，帮助你把注意力从体外收回体内。道具的重要性体现在它能让你感知体内的实时状态，帮助你克服走神。选定了某一个意象、文字或声音作为道具后就固定下来，毕竟连贯性可以增强思想和生理唤起水平之间的关联。

3. 被动的态度。这或许是最重要的一点。任其自然即可，切莫强迫自己放松。如果注意力分散了，就用意识道具集中注意力。

4. 舒服的体位。保持舒服的体位，避免肌肉过度紧张。如果某个体位让你觉得不舒服，就预示着紧张感在加剧。此时应当改变体位。

放松反应训练

深呼吸练习。 缓慢呼吸是管理压力最有效的方法之一，可以帮助你在困难的情况下释放紧张。

- 缓慢吸气的同时数两个数,屏住呼吸数两个数,然后呼气时数两个数。
- 重复该模式20次,看看放松了多少。
- 熟练后,让呼吸进一步放慢,达到吸气时数到4,屏住呼吸时数到4,呼气时数到4的程度。

放松训练。照指示练习,每天只要15分钟,就能大幅降低压力水平,减少沮丧或愤怒导致脾气爆发的可能性。

- 仰卧在床上或者垫子上。
- 让双脚向外伸展,双手放于身体两侧(手不要握拳或绷紧)。
- 闭上眼睛呼几口气释放紧张情绪。
- 缓慢呼吸,每次呼气后暂停。
- 放松你的脚趾、脚掌和腿。尽量让所有的紧张感都消失。
- 手指、手臂和脖子也要放松。
- 通过放低肩膀放松你的肩部。
- 通过精神放松,抚平面部的肌肉。
- 此时肌肉应是放松的。然后慢慢睁开眼睛,舒展身体,弯曲膝盖,侧身,慢慢站起来。

心理/身体技巧。以下控制压力的方法效果很好,适用于多数人。

- 冥想。带来身体的深度放松和精神觉醒。
(1)舒服地坐直,闭眼,放松。
(2)把注意力集中在一个物体上,呼吸的同时数到4;或凝视烛光、花朵等物体。
(3)大声说或默念一个单词,如"和平",至少一刻钟。
- 形象化。让你在紧张的事件、场景、冲突前后平静下来。
(1)舒服地坐着或者躺下。
(2)用刚才提到的呼吸和放松训练放松身体,清空头脑。
(3)想象自己正身处安静又漂亮的某地,可以是宁静的花园,安静的海滩,或景色醉人的山顶。想象画面中的气味和声音。
(4)深呼吸,想象自己在那里,感觉非常舒适、安全、放松。
(5)继续缓慢深呼吸,享受这份放松。
(6)重复讲一些肯定的话,比如"我感到很平静"或者"我完全处于放松的状态"。

记住只要感到焦虑,随时都可以这样做。慢慢做几

低音
unitedbass

北京联合出版公司
Beijing United Publishing Co.,Ltd

文化

宣华录：花蕊夫人宫词中的晚唐五代

作者：苏泓月
书号：978-7-5596-1719-4
定价：128.00 元（精）

- 第十二届文津图书奖、2016 中国好书奖得主苏泓月全新力作。以 98 篇词清句丽、融合考古训诂的精妙小文，近 300 幅全彩文物图片，重现五代前蜀花蕊夫人笔下的宫苑胜景。

李叔同

作者：苏泓月
书号：978-7-5502-9328-1
定价：68.00 元（精）

- 作家苏泓月以洗练的文字、诗意的笔法、翔实的史料，以及对真实人性的洞悉和悲悯，生动地刻画出李叔同从风流才子到一代名僧的悲欣传奇。

书法没有秘密

作者：寇克让
书号：978-7-5596-1024-9
定价：98.00 元（精）

- 如果你想入门书法，想聆听前辈书家的习字心得，想了解书史长河中的流派演变和熠熠群星，甚至是想选择最适合自己的笔墨纸砚，本书都能提供你想要的答案。

胡同的故事

作者：冰心 季羡林 汪曾祺 等
书号：978-7-5596-1339-4
定价：60.00 元（精）

- 冰心、季羡林、史铁生、汪曾祺、舒乙、毕淑敏……
- 46 位名家，46 种视角下的胡同生活。
- 展现不同视角的北京胡同生活。

大门背后：18 世纪凡尔赛宫廷生活与权力舞台

作者：[美] 威廉·里奇·牛顿
译者：曹帅
书号：978-7-5596-1723-1
定价：56.00 元（精）

- 一部凡尔赛宫廷生活史，就是一部法国社会变迁史。
- 繁华背后，一场文化与思想的演变正在悄然孕育。

和食：日本文化的另一种形态

作者：徐静波
书号：978-7-5502-9834-7
定价：88.00 元（精）

- 尊重自然，体现材料的真味；饮食为媒，以"和食"观"和魂"。
- 严谨的文献依据结合考古成果与亲身经历，深刻而不晦涩，生动而不枯燥。

社科

道歉的力量

作者：[美]艾伦·拉扎尔
译者：林凯雄 叶织茵
书号：978-7-5596-0303-6
定价：60.00元（精）

- 获美国出版者协会"心理学专业与学术出版荣誉奖"。
- 7种需求、4个环节、2种动机，全面解析道歉的奥秘，指引读者掌握道歉的技巧。

社科

中年的意义：生命的蜕变

作者：[英]大卫·班布里基
译者：周沛郁
书号：978-7-5596-1318-9
定价：49.80元（平）

- 剑桥大学生物学家开列18项特质清单，讲述不一样的中年故事，重新定义理想的中年，用全新眼光看待这个长久以来被误解的黄金年代。

社科

我看见的你就是我自己

作者：[意]贾科莫·里佐拉蒂
　　　[意]安东尼奥·尼奥利
译者：孙阳雨
书号：978-7-5596-2036-1
定价：49.80元（精）

- 一场跨学科的深入对话，一次多元思维的共振。
- 解读人类认知与群体行为中的共情机制。

社科

我并不孤独

作者：[澳]托比亚斯·艾特金斯
译者：何正云
书号：978-7-5596-1802-3
定价：49.80元（精）

- 美国亚马逊自尊、焦虑类图书分类榜NO.1，自我成长类图书TOP5。
- 正视我们内心的冲突，实现自我对话。

社科

傅佩荣的哲学课 先秦儒家哲学

作者：傅佩荣
书号：978-7-5596-1881-8
定价：80.00元（精）

- 耶鲁大学哲学专业人气国学导师傅佩荣教授新作，一本书，一个课堂，一次先秦儒家的真正复兴。
- 聚焦论语、孟子、易经、大学、中庸五大原典要旨，开启叩问经典的哲学大门。

社科

写作课：何为好，为何写不好，如何能写好

作者：[美]艾丽斯·马яз森
译者：王美芳 李杨 傅瑶
书号：978-7-5502-9562-9
定价：60.00元（精）

- 《出版人周刊》《图书馆杂志》等多家媒体好评如潮，欧美文坛多位作家联袂推荐。
- 书中包含大量对真实作品的深度剖析，兼具趣味性、文学性和实用性。

生活

我们只有10%是人类：认识主宰你健康与快乐的90%微生物

作者：[英]阿兰娜·科伦
译者：钟季霖
书号：978-7-5596-1341-7
定价：80.00元（精）

- 被译为19种语言，英、美、日亚马逊五星推荐。微生物决定了人类的健康状况，微生物群系可以改变免疫系统的发展，影响免疫系统对抗疾病的能力。

生活

品尝的科学：从地球生命的第一口，到饮食科学研究最前沿

作者：[美]约翰·麦奎德
译者：林东翰 张琼懿 甘锡安
书号：978-7-5502-9993-1
定价：49.80元（平）

- 一本有关人类味觉的奇妙物语，你将比想象中更了解自己。
- 没有哪本书能像《品尝的科学》一样为你展现"我们吃的不是食物，是科学"。

生活

与身体对话：终结疲惫的自疗启示录

作者：[美]瑞秋·卡尔顿·艾布拉姆斯
译者：刘倩
书号：978-7-5596-0837-6
定价：88.00元（精）

- 你觉得疲惫吗？你在忍受慢性疼痛吗？你正经历抑郁和焦虑吗？雄踞《纽约时报》畅销榜首的医学权威联袂推荐；告别疲惫、失眠、焦虑、抑郁的绝佳方案；身体的语言才是值得我们信任的真相。

生活

吃土：强健肠道、提升免疫的整体健康革命

作者：[美]乔希·阿克斯
译者：王凌波 魏宁
书号：978-7-5596-1168-0
定价：90.00元（精）

- "飞鱼"菲尔普斯的保健医生、美国著名自然医学专家兼临床营养学家前沿之作。
- 长踞美国亚马逊疾病类图书畅销榜首。
- 颠覆"杀菌有利于健康"的传统思维，普及"脏一点儿更健康"的全新理念！

生活

别让不懂营养学的医生害了你

作者：[美]雷·D·斯全德
译者：吴卉
书号：978-7-5502-6973-6
定价：45.00元（精）

- 《纽约时报》最佳健康畅销书。营养学的革命性经典著作，教你恢复疾病已经带来的致命性破坏。更新你的观念：健康不能光依靠医生与药物，更要靠自己。

生活

抗衰老饮食：阿特金斯医生的营养饮食计划

作者：[美]罗伯特·C·阿特金斯
译者：仝雅青
书号：978-7-5596-1916-7
定价：60.00元（精）

- 《纽约时报》畅销书，全球销量超过10,000,000册。《时代》年度最有影响力人物经典著作。这本书告诉你如何用饮食与营养物质全面抵抗衰老？

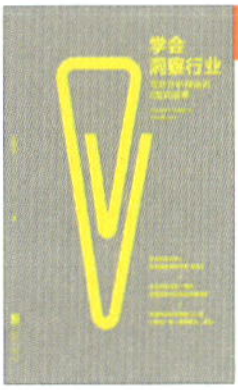

学会洞察行业：写好分析报告的6堂实战课

作者：王煜全
书号：978-7-5596-1680-7
定价：49.80元（精）

- 教会你如何在一周内摸清任意未知行业发展趋势。咨询行业分析师独门心法，让你比一般人看得更高、更远。
- 下一个被替代的行业是哪个？下一个崛起的行业又在哪里？

学会提问·实践篇

作者：[日]粟津恭一郎
译者：程亮
书号：978-7-5596-0328-9
定价：39.80元（精）

- 沟通过程的制胜转折点往往是一个"优质提问"！
- 提升"提问的品质"，不仅能使你自己，也能使与你有关的所有人的人生变得更加丰富多彩。

复原力

作者：[日]久世浩司
译者：程亮
书号：978-7-5596-2339-3
定价：45.00元（精）

- 松下幸之助、稻盛和夫、柳井正的"担心式"工作哲学。日本积极心理学学校校长、前宝洁营销主管的"复原力"工作术。

重启：打破思维局限的问题解决术

作者：[日]坂田直树
译者：肖潇
书号：978-7-5596-1407-0
定价：49.80元（精）

- 看似"不可能解决"的问题，其实都有解决办法！只要跳出思维舒适区与思维局限，重新启动自己的大脑，一切皆有可能！

生活美学MOOK：《班门》

木之纹　砼之色
铁之温　石之形

定价：42.00元/册（平）
书号：978-7-5502-7574-4（木之纹）
　　　978-7-5502-8628-3（砼之色）
　　　978-7-5502-9331-1（铁之温）
　　　978-7-5502-9600-8（石之形）

(2016)

方　圆　线　角

定价：58.00元/册（平）
书号：978-7-5596-0568-9（方）
　　　978-7-5596-0595-5（圆）
　　　978-7-5596-1287-8（线）
　　　978-7-5596-1518-3（角）

(2017)

这是一套能走到人的生活中去的美学杂志。关注令人焦躁的时代速度下，那些"慢下来"的平淡生活、手工技艺、艺术之美与命运莫测。当你进入这扇"门"，逐个阅览这些方块字的时候，它将显示自己安神的效果。

科普

月亮：从神话诗歌到奇幻科学的人类探索史

作者：[美]贝恩德·布伦纳
译者：甘锡安
书号：978-7-5596-0255-1
定价：60.00元（精）

- 一部优美绝伦的月球文化史。从文化视角切入天文知识，用诗意方式温柔科普。
- 近百张来自珍贵典籍、博物馆藏的插图，展现月亮在神话、诗歌、科学、科幻等领域中的丰富意涵。

潮汐：宇宙星辰掀起的波澜与奇观

作者：[美]乔纳森·怀特
译者：丁莉
书号：978-7-5596-1028-7
定价：80.00元（精）

- 美国国家图书奖得主、博物学家彼得·马修森领衔推荐。
- 文化史、海洋研究、旅行文学融而为一，自然律动与历史变迁繁复交错。巡礼浪潮之巅的人类文明。

万物皆数：从史前时期到人工智能，跨越千年的数学之旅

作者：[法]米卡埃尔·洛奈
译者：孙佳雯
书号：978-7-5502-4918-9
定价：68.00元（精）

- 该书已被译为英语、西班牙语、波兰语等6种语言出版发行，并长据法国亚马逊科学史分类第1名。

宇宙之美：从大爆炸到大坍缩，跨越200亿年的宇宙编年史

作者：[法]雅克·保罗
　　　[法]让-吕克·罗贝尔-艾斯尔
译者：陈海钊 李钰 陈丽华 等
书号：978-7-5596-0941-0
定价：168.00元（精）

- 200个里程碑讲述宇宙从诞生到终结的宏大史诗。
- 200幅美到窒息的天文照片和艺术作品。

当我们看星星时，我们看见了什么

作者：[美]凯尔茜·奥赛德
译者：麻钰薇 何治宏
书号：978-7-5596-2003-3
定价：80.00元（精）

- 科普与艺术的完美结合读本，以独特的深蓝笔调在纸间描绘璀璨星空与神秘星座的模样，以风趣幽默的文风讲述那些紧扣前沿的天文知识。

植物园：400种植物的200个不可思议的逸闻趣事

作者：[法]安妮-弗朗丝·多特维尔
译者：孙娟
书号：978-7-5596-1455-1
定价：49.80元（精）

- 去科学世界里寻找植物的答案，再告诉你科学之外的植物趣闻故事。
- 你将会看到：让野牛落荒而逃的鸢尾、在地下播种的三叶草、会报时的花钟。

个深呼吸就能起效。

·禅思。也称主动冥想,可以帮助你专注当下,不再忧虑和牵挂。

(1) 不管你在做什么,都把注意力集中在正在做的事情上。观察事物的形状、颜色和质地,专注于身体的动作。

(2) 专注于当下,莫为过去和未来烦忧。

更多减压的建议

下面是一些减压的技巧和策略。后文会提供更多方法。

坚持写压力日记。如果已经开始记压力日记,可以加入以下信息。记录让你感到有压力的场景,对场景、场景中与你冲突的人、让你感到焦虑的情况进行描述。问自己,为什么这些人或事会让我不安?未来在应对类似情况时该怎么做?

动起来。运动有助于消除血液中的压力性激素,刺激内啡肽的释放,从而让身体保持健康状态。每天进行至少三十分钟的适度活动,并忌食刺激性食物。咖啡因、尼古丁和酒精等刺激物会给身体带来极大的负担,让人变得更加烦躁不安。试着喝点凉茶或多喝水。

保持微笑。大量研究表明,微笑有益健康。讲笑话、看幽默书、看喜剧、与人分享漫画,会给生活增添更多乐趣。

沐浴时使用香薰精油。可以选择罗勒、雪松、天竺葵、杜松、薰衣草、玫瑰和依兰等植物精油。一种或数种一同科学合理的使用，会有很好的舒缓效果。

第七步：学会管理愤怒

管理愤怒的目的在于降低情绪冲动及由愤怒引起的生理唤醒。每个人都可以从下列技巧中受益，对攻击型的人尤为实用：

1.学习挖掘愤怒的真实来源。问自己"什么样的情况会让我生气？""此时我感到受伤了？害怕了？受到威胁了？"。

2.明白生气的目的。问自己通过生气想要达到什么目的。例如"哪些事我愿意做，哪些事我不愿意做？""我究竟想改变什么？"。

3.学习交流技巧。良好的交流技巧可以使你在人际交往中最大程度被人理解，这也有助于解决冲突。发脾气和吵架可以泄恨，但不能从根本上解决问题。请参考前面提及的采用坚定型模式与人沟通的建议。

4.学着冷静，来个暂停。头脑发热时思路不清晰。冷静下来，通过适当退让或休息，你会更理智地认清当前情况，确定自己的角色。

5. 要知道你无法改变他人，只能改变自己。要么改变对别人的态度，要么改变所处环境。

6. 从愤怒中学习。问自己能从愤怒中学到什么。例如"这个问题真正的症结在哪儿？""我在其中扮演了什么角色？""下次我能作何改进？"。

7. 学会自省，改变自己在不健康关系中的角色。

8. 学会辨别某项特定的愤怒的诱因。

第八步：凡有郁结，先解心结

本章前面提到，我们惯常采取的愤怒方式或多或少受到父母的影响。为避免步其后尘，故意采取与他们相反的愤怒方式；抑或对自己的愤怒情绪更加忧心忡忡，导致无法适应成年人的世界。有些人因过于害怕自己会重蹈覆辙而逃避现实，对结婚生子产生恐惧心理。例如我以前就因害怕自己会成为母亲那样对子女进行精神虐待的人而选择不要孩子。我认定自己会轻视和责备孩子，就像母亲曾对我做过的那样，所以我不想再以同样的方式毁掉别人。现在回想起来，如果我在二三十岁的时候生孩子，那个孩子铁定会遭到我的虐待。直到最终解开了母亲和性侵者带给我的心结，我才摆脱掉控制我半辈子的仇恨——当时我已40岁。

如果你也害怕重复父母的愤怒方式，就一定要尽快解开与父母、与往事的心结。释放那些过去未曾表达过的情感，解决亲子关系中的顽疾，最终摆脱父母给你带来的负面影响，从而创建一个独立的新身份。须知，你对父母曾经的种种不当行径感到愤怒，不仅正常而且健康。同时也要合理地释放这些愤怒。下面的练习将对你有所帮助。

▷▷▶小练习：对父母的怨愤

1. 写封信给父母（或其他监护人），让其知道其带给了你关于愤怒的负面形象，说出你的内心看法。不要隐瞒，不要有所顾忌。他们可能不会知道你的怨恨，也看不到这封信。
2. 这封信应当准确地描述你记忆中父母表达和处理愤怒的方式，以及为什么会影响你，如何影响你（可以列出具体事件）。
3. 写完后，可以撕碎，可以保存起来作为记录。寄给父母也未尝不可。

尽管愤怒不尽相同，但通常都建立在过往经历之上。在实际生活中，我们常以对待"过去那个人"的态度对待"现在这个人"；现在的愤怒多半出自过去类似未解决的情况。我们不是在对当前的问题做出反应，而是在对过去某事（通常是创伤性事件）做出反应。我们可能因为某人而想起父母或其他监护人，因为某事而回想起不愉快的过去。要防止此类情况持续发生，扰乱我们的生活，影响我们的人际关系，我们必须从"过去"着手，处理未完成的工作，解开难以释怀的心结。务必弄清在该特定情况下自己为什么生气，试着与过去的经历联系起来。

▷▷▶**小练习：处理未解决的问题**

该练习旨在清理过去遗留下来的未解决的问题。

1. 尽量回忆，列出曾经伤害过你的人，包括父母、其他家庭成员、童年玩伴、前男友前女友、前夫前妻等。
2. 仔细检查清单，写下你对这个人生气的原因。白纸黑字能让你看到内心最真实的、害怕承认的情感，让你理解为什么你会对他/她生气。
3. 现在给名单上的每个人写信，概述你生气和受伤的原因。不需要过分地从自己身上找问题，只需准确说出你的感受，详细阐释此人如何伤害你。可以以后再决定是否真要寄出这些信件。这些信的目的是帮助你释放愤怒，减轻痛苦。

这一过程需要大量的时间和精力，但非常值得。慢慢来，别试图在一件小事上纠结太多，坚持下去，直到给清单中的所有人写完信。

第九步：再问自己一遍，为什么想改变愤怒模式？相信自己可以做到

你对威胁性事件的反应可能源于本能和冲动，但并不意味着不能改变愤怒的方式。每一段愤怒都包含一系列分秒之间的决定——遮盖愤怒？冷静退让？擦洗厨房？画一幅画？大吃饮食禁忌列表上的食物把愤怒塞回去？你也可以朝对方大喊大叫，告诉他你这么做的原因。不管最终决定如何处理愤怒，关键在于如何控制住它。

学习你收集的关于愤怒的信息，研究你的愤怒的历史，学习有效的沟通和减压技巧，有意识地监管愤怒，可以成功地改变愤怒方式。一旦把不健康的愤怒方式转变成健康的方式，生活必将精彩纷呈。

处方：让改变开始

　　1.列出所有你想改变愤怒模式的原因，写明为何现在的愤怒方式不合适。

　　2.列出改变愤怒模式将为生活带来哪些积极影响，写下你预计生活会因此有什么不同。确保包括夫妻关系、子女关系、工作关系、自我形象、职业和健康等各个方面。例如当配偶和孩子不再害怕你，当你不再担心因工作中

大发脾气而丢饭碗，会是什么感觉？全部写下来。

3.想象一下，一旦你把当前愤怒模式转变成一种更健康、更有效的模式，生活将如何改变？想象自己能以积极的方式对待、表达愤怒的情景。例如，你现在是逃避型，想象有一天，你能勇敢面对那些对你不屑一顾、带给你痛苦回忆的人。冷静地倾听自己，坚持自己应该受到尊重，感受你应得的满足和自尊。这样的一天并不会遥远。

4.每当遭遇不顺，你开始质疑为什么要花这么多精力去改变愤怒模式时，看看清单，重新读一读你写的文字吧。想象一旦完成了这些目标，你的生活将如何改变。

接下来的四章将探讨如何改变这四种不健康的愤怒模式。你的愤怒模式或许不止一种（如消极型和消极攻击型、消极型和投射攻击型），那么相关两章中给出的建议都将适用于你。如果还想对关系密切的人有所了解，则可以阅读所有章节。请注意，各章给出的建议只针对该特定类型的人，如果你不属于该类型，就不适用于你。例如，我们鼓励攻击型的人控制愤怒，希望他们泄愤时不要动手；而对消极型的人的建议却正好相反。

第六章

改善/改变攻击模式

> 我以前认为谁叫嚷的嗓门大谁就厉害。现在我知道，兼容并蓄、能倾听和交流的人最厉害。
>
> ——萨拉，45岁

路德在医生的建议下前来咨询。最近他出现轻微的心脏病发作，医生担心他再不改变生活方式和态度，心脏病发作的风险将会升高。我们第一次见面时，他表现得很忧虑。他说："我知道必须得改变自己。我总在生气，哪怕是鸡毛蒜皮的小事，也能一点就燃。只要不按我的想法来，我都要发火。把自己逼得太紧，也把别人逼得太紧，希望别人能跟上我的节奏，我不愿放慢速度去迁就。我就是个彻底的完美主义者，吹毛求疵，没有耐心。现在我必须得把速度慢下来，控制好情绪。但我不知道怎么做。这辈子大部分时候都是这样，似乎成了生活的一部分。你能帮助我吗？"

路德和我看到的很多人一样，习惯了用愤怒回应生活中的压力，忽略了更有效的排解方式。他们咄咄逼人，情绪化，好斗，没有意识到这样的情绪已经危及到了健康和幸福。不耐烦、苛刻、过分的完美主义损害了他们与他人的幸福。

我承诺能够帮助他，但必须按照我制订的计划来。如果确定自己是攻击型愤怒模式，不必枉费力气处理早已失控的愤怒。请耐心遵循我的建议，就能转变成一种更健康、平和的模式。

一般来说，要将攻击型愤怒模式变得更健康，你需完成以下步骤：

1. 找到控制攻击性冲动的方法；
2. 找到愤怒的诱因；
3. 确定哪些观念引发了愤怒；
4. 发现愤怒背后的情绪；
5. 找到控制愤怒的方法；
6. 找到防止愤怒积聚的方法（减压和放松）；
7. 继续未完成的工作。

第一步：找到控制攻击性冲动的方法

你已经知道愤怒是一种正常和健康的情绪，但过于强烈和频繁就不健康甚至不正常。攻击型的人不仅会过度愤怒，还总带着敌意表现出过强的攻击性。正常、健康的愤怒不同于敌意和宣泄。愤怒是一个提醒我们存在问题和矛盾的信号，敌意却是一种普遍而持久的敌对心态。敌意行为要么是由于积怨已久，未能表达；要么是因为虽曾表达但未达当事人预期效果。攻击，不论是否得手，是指为了伤害他人（或他人财产）而做出的行为。可以这样区分愤怒、敌意和攻击：健康的愤怒只是一种情绪，敌意是一种恶意的态度，攻击则是意图加害的行为。

人在感受到威胁时都会出现攻击性冲动，但必须学会用恰当的方法来释放或控制。例如，高速公路上突然有辆车冲到你前面，你瞬间肾上腺素飙升。最初你感到害怕是因为差点儿就出事故，随后恐惧转变为愤怒，你会做什么？你可以一脚油门，以牙还牙，让对方司机经历同样的恐惧。结果同样可能导致事故，催生一位更加愤怒的司机。他又开始报复你，形成恶性循环。我们从频发的路怒症可知，以攻击性的方式对对方司机做出此类反应很不明智，即便他的行为对我们构成了威胁。

在大多数情况下，我们都得控制咄咄逼人的冲动。然而说着容易做起来难，一旦感受到威胁，肾上腺素开始分泌，就好像猛踩油门疾驰在没有出路的单行道上。所有的劝诫都抛之脑后，眼前的威胁是唯一的目标，不管自己、爱人、敌人和无辜的旁观者会付出何等代价。

所有人都有攻击性冲动，最终的攻击决定取决于对冲动的反应频率和反应程度。如果以攻击作为主要愤怒方式，你会发现自己不断与人发生冲突，因为你不断感受到威胁，无法控制攻击性报复冲动。

西格蒙德·弗洛伊德和其他早期的精神科医生认为，如果人们不释放他们的攻击性冲动，这种冲动会在内心不断堆积，直到愤怒爆发，危及他人。一些治疗师至今仍相信这一观念。弗洛伊德的理论并非全对。有时当攻击性被释放时，保持攻击性的欲望反而增加，尤其是那些具有攻击型愤怒模式或攻击型性格的人。事实上，虽然冲动是通过把愤怒的能量挤出，缓和不断累积的紧张感，但在某种意义上，你可能反而是在给泵加压，越是发泄愤怒，越觉得需要继续发泄。一定程度上是因为攻击型愤怒只会增加不会减少。

不少人反映在以攻击性方式发泄愤怒后，会立刻感觉好一些。压抑得以释放，无疑如释重负。不幸的是，这种良好的感觉并不会持续。攻击型愤怒会给他人带来情感上或身体上的伤害。攻击性行为（如歇斯底里、扔东西、撞墙、责备）会伤害他人的感情（例如恶言相向，抨击他人），伤害他人的自尊（例如呵斥、批评），让人受到惊吓（例如用棍棒威胁恐吓），甚至打伤人（例如使用暴力，拳脚相向）。攻击性行为造成的伤害会让人疏离你，拒绝与你交谈，甚至你也会挨打。

攻击型愤怒在伤害别人的同时，也会给自己带来无尽的内疚和羞愧。当你在情感上伤害了别人，并意识到自己言行造成的伤痛，强烈的负罪感顿时袭来（孩子呆呆地看着你，眼中充满了恐惧；妻子哭着哭着睡着了，一连几天都不让你靠近）。如果你在身体上伤害了某人，每次看到你愤怒的"成果"（好兄弟被挫伤的眼角，爱人红肿的胳膊），你会自责"我竟是一个如此可怕的人"。

最后同样重要的一点是，攻击型愤怒模式的人更易患高胆固醇血症、高血压等心血管疾病。哈佛公共卫生学院的河内一郎博士关于心脏病的成因进行的研究表明，即便综合考虑吸烟、血压、胆固醇、体重、酒精和心脏病家族史等可能的影响因素，愤怒程度较高的男性患心脏病或心绞痛的可能性仍是愤怒程度较低的男性的3倍。这印证了很多医生和心理学家的经验——愤怒程度与整体健康风险之间存在直接联系。

雷德福·威廉姆斯和弗吉尼亚·威廉姆斯在《愤怒可杀人》中说到，心怀敌意的人不仅患心血管疾病的风险更高，也更易患其他疾病。原因是多方面的，比如因缺少社会支持而产生心理问题，愤怒时各种细胞因子的激活效应，以及过度放纵导致的健康危机等。

▷▷▶小任务：记录敌意和攻击性

为了测量你的敌意和攻击性程度，记录下每一次攻击性行为和冲动（例如狂按汽车喇叭、摔门而出）、愤怒的感觉（例如双拳紧握、呼吸急促）或愤怒的想法（例如认为某人愚蠢或不称职）。记录攻击性行为或冲动的发生过程，比如，从温和地表达不满（某人做事过于拖沓，你皱了皱眉）发展到极端行为（大喊大叫或拳脚相向）。睡前回顾记录的内容，你会惊讶地发现自己是多么的好斗。

寻找其他方法释放愤怒

虽然以攻击性方式释放愤怒会带来严重后果，但短暂的解脱感让人欲罢不能。肾上腺素开始分泌的那一刻，你又能做些什么呢？此时就需要采用其他办法，既有相似的解脱感，又能释放愤怒。

释放愤怒能量最有效的方式是快走、跑步、打篮球、打壁球和游泳等运动。如果你非常愤怒好斗，最好尝试一些单人运动，避免与他人发生肢体冲突。建议打打篮球、单人壁球，或者练习网球。拳击、摔跤和曲棍球等活动通常不推荐给攻击型的人，这些运动对抗性强，有强化攻击行为的可能，反而不易达到释放能量的效果。找一些能让你感到平静和放松的体育活动是个不错的选择。

把愤怒情绪写下来也是一种极好的解压方式。与其告诉别人，不如写下脑子里所有负面的、可恨的事情。不要思来想去，让一切愤怒都从脑海里跑出来吧。作为释放紧张的方式，把刚才写的东西撕掉。

叫暂停

如果控制不住就要爆发怎么办？对方的言行让你非常生气，你就要爆发了。从开始注意到愤怒信号到最终爆发大约有30秒时间。这给了你足够的时间离开，冷静下来。如果没有时间讨论，暂时无法找到适当的方式消除愤怒，叫个暂停吧。

叫暂停有利于消气，重新控制情绪。去一个让你放松的地方，车里、卧室或公园都行。在车里看电视、听音乐或读报都能分散注意力。如果在户外，可以散步、骑车、跑步。你可能很想打拳击袋、扔东西、砍木头，但这些只会助长愤怒，十分危险。不要给朋友打电话，不要参加聚会。虽然可以聊天，但情绪只会更加波动。冷静是关键。

冷静下来后就要回到那让人心烦意乱的场景了。不用回去得太早，那样容易再次生气。别节约这点时间，避免"火山爆发"总比让人等着强。

如果在开始生气时你正和人讨论，那就回去继续讨论。希望这次可以保持冷静。如果做不到，不妨暂且搁置。目的是让自己能更理智地讨论事情——包括一些本身就有争议的问题。

以下指南能帮助你在需要时及时叫个暂停：

1. 告诉对方你将尝试一个控制愤怒的新办法，解释一下如果生气时你的做法。提前这样做能避免人们对你突然离席产生误会或因认为你在逃避而跟着你。大多数人都会支持你的新办法，毕竟你的愤怒很可能和他们有关。

2.离开时告诉对方你需要暂停一下，比如说"抱歉，但给我一点时间冷静一下"或"我现在很生气，让我休息一会儿吧"。

3.跟对方保证你会回来，并信守诺言。暂停不是避免冲突的借口。你得回到那个让你心烦意乱的现场，学会冷静地处理问题。

4.如果惹你生气的人你不熟识，或你之前忘了告诉他你的暂停计划，直接说你有事得暂离，让对方稍等片刻。他以为你要去趟洗手间，或哪里不舒服。如果几分钟后还没冷静下来，为了避免发生冲突，可以打电话给对方，也可找个人带话说你病了或临时有急事。这样的方法看似极端，但在某些情形中，比如职场，总比向主管、老板或潜在客户发火要好得多。

学会长大

有物欲很自然。在我们还是孩子的时候，如果得不到想要的东西，就会尖叫、发脾气、拳打脚踢，甚至会朝那些不肯给我们让路的人发火。对一些人来说，这些行为一直持续到成年。不成熟的愤怒表达方式包括：

- 急躁
- 想要的必须马上得到
- 有发泄愤怒的倾向
- 无法控制冲动
- 经不起挫折

　　成长就是遇事要从容。好斗、不成熟的人总要求凡事照自己的想法发展。每个人都会如此，若有不如意，就会沮丧失望。但攻击型的人远不止于此，当要求得不到满足时，失望就会变成愤怒甚至仇恨。

　　成长就是遇事有耐心，想要的如果不能立即得到，不会表现出不满和愤怒。尽管十分厌恶阻碍我们得偿所愿的人，仍要控制好自己的冲动。

劳拉：急躁的代价太高了

　　法院介绍我为劳拉咨询。她在飞机上失控从而被捕。当时她乘飞机从洛杉矶飞往纽约参加一个重要的商务会议。在机上写了几个小时的报告后，她勉强睡了几个小时，却被飞机即将着陆的消息惊醒。她已经好几个小时没有上厕所了，可是洗手间却排起了队。她不耐烦地等待着。终于轮到她，刚要打开厕所门，一个人突然从拐角处冲过来一步抢在她前面。劳拉怒不可遏，把她推开："该我了！"她怒视着那个女人。"不，该我了！"对方反驳道。劳拉毫不示弱，抓住她的头发往后拉。两个空姐把劳拉从那个疯狂的女人身上拉下来。劳拉脸色发青，大喊大叫，试图挣脱空姐，随后又来了两个空姐才把她压制在地板上。飞机降落，劳拉被戴上了手铐，被指控危及飞机和乘客安全。几名目击者谈了谈当时的情况，劳拉方才得知机尾方向还排有一条队，确实轮到那个女人上厕所。劳拉应该学着多点耐心，控制住攻击性冲动。

有些人能更好地忍受挫折和控制冲动，一定程度上与个体、生理、性情差异及童年经历有关。控制愤怒的能力既有遗传因素的影响，也可通过后天习得。例如今天这个情景我们之所以生气，是因为大脑无意识间调出了过去曾出现过的相似情形。愤怒在某些情形下或许是积极的能量，在眼前这个情形下却是负面的，但大脑不加判别地调出了愤怒作为应对工具。在劳拉的案例中，她的父母不注重教育方法，溺爱子女，对劳拉有求必应，造成劳拉极度缺乏耐心。

掌控你的愤怒

控制攻击性冲动最好的方法之一就是发泄愤怒。攻击型的人常生气，且长时间处于气头上（逐渐形成敌意）。他们认为愤怒产生的原因不在自己，而在别人："谁叫他当时那么做，否则也不会这样。"

然而愤怒的产生不可能与自己无关。关注自己的情绪反应,不要怪罪他人,防止跌入"如果……就……"的陷阱:如果妻子按照我的要求打扫卫生或如果员工表现优秀,我就不会生气。事实上,愤怒的源头不在于别人的所作所为,而在你的身体里——一种生理和心理的综合反应。关注点不应落在"他在做一件让我生气的事",而应放在"为什么他这样做我会生气?"。

把愤怒用于强迫别人改变只会令人更加沮丧,并且徒劳无功。不要总想着把愤怒导向别人,把注意力集中在内心的斗争上,毕竟是你在生气,不是别人。

只有当你专注于改变自身行为,而不是试图改变别人待你的方式,才能消除不健康的愤怒。如果把愤怒外在化——认定是自身以外原因造成的——就会一直感到生气、不安、压力重重。只要你还坚信频繁生气的原因是某人不合适、不尊重、不称职,你的愤怒就会持续。忘掉别人是怎么对待你的吧,专注于内心的变化即可。

第二步:找到愤怒的诱因

找到诱因的关键在于识别"触发器"或"快捷键"。如果一件事让你产生强烈的反应,很可能是情绪触发器被按下了。恐惧、不安、愤怒、怨恨或后悔都可能是触发因素,触发器被激活后就会自动产生强烈的情绪反应。这些强烈的反应对他人而言即是虐待行为。识别按下触发器的某一特定的情景、行为、词语或事件等，便能更好地预测和管理情绪，进而避免攻击或虐待行为的发生。

▷▷▶**小任务：你的触发器是什么？**

1. 写下反复让你生气的情景有哪些。上次生气的原因是什么？注意相关因素，例如，情绪是否与酒精有关？所处的环境或交流的内容是否让你想起了过去的经历？
2. 向最亲近的人求助，询问他们有没有注意到是什么在招惹你。你需要信任对方，这对改变攻击型愤怒模式并控制愤怒很有必要。亲近的人可以帮助你发现自己的行为模式，从而使之更易预测、管理和控制。

常见诱因：攻击型愤怒模式

感觉失控。攻击型愤怒模式的人通过支配和控制他人获得一种错误的掌控感。一旦有人拒绝按他们说的做，他们会因感受不到这种虚假的掌控而发怒，觉得自己没能掌控一切。

被迫等待。攻击型愤怒模式的人往往缺乏耐心，对挫折的容忍度很低。因此，在被迫等待或调整后仍不能得其所愿时，会变得怒气冲冲。

感到羞耻。在儿童或青春期被严重羞辱的人，往往会在受到批评或不公正待遇时感到羞愧难当，情绪激动。

被忽略或拒绝。通常好斗或狂暴的人会在遭到忽视或拒绝时触发情绪反应。极有可能与小时候遭受过遗弃或忽视有关。

嫉妒。有些人愤怒是因为嫉妒。如果旁人过得比他们好，他们容易心生恨意，回想起自己曾是不受欢迎的孩子，父母永远忽视自己的需要。

第三步：确定哪些观念引发了愤怒

由于对他人、世界和自己抱有非理性、自恋及不切实际的期望和观念，才导致触发不健康的愤怒情绪。这些观念包括：

- 我在孤身对抗世界，必须始终处处提防，否则就会受伤，被人欺负。
- 我必须得做好，得到认可；否则，一切都完了。
- 人们必须体谅、关爱和尊重我，否则就不是什么好东西。
- 我的生活（家庭、工作等）必须完全符合预期；否则后果不敢想象。

▷▷▶**小任务：发现错误观念**

1. 花时间思考：哪些观念会引发愤怒。
2. 列举想到的观念。

3. 仔细看清单，自问哪些观念给你的生活带来的困难最大，哪些观念应重新评估。

确定愤怒是由哪些观念引发之后，就该决定是否要继续相信这些连真假都尚难判定的想法了。对抗既有观念很难，但并非不可能。

不要觉得自己在对抗全世界

攻击型的人更具防御性。不妨把他们的防御姿态理解为一种角色护甲。"整个世界都与我为敌""除非能证明清白，否则人皆罪人"被大多数攻击型愤怒模式的人奉为座右铭。他们认为别人总是不断地破坏、操纵、利用他们。

如果你也这般看待、揣度他人，那么可以确信，你将卷入无休止的冲突和争吵中。但如果是你错了呢？如果这个世界没有与你为敌呢？如果其他人没有试图利用或伤害你呢？如果那些经常冒犯你的人其实完全没有意识到这一点，并非有意伤害你呢？事实上，人们没那么在意你。大家只是按部就班各忙各的，拼尽最大努力工作和生活。如果冒犯了你，可能并非有意为之。所以，当他是无辜而不是有罪的吧。

你无法改变别人。但把他们看作无辜的人，就能极大改善你的人际关系。以下建议有助于改变你看待他人的眼光：

- 假定大家已尽力做到了最好。
- 不要仅从自身角度看世界。
- 在证明其有罪前，认为他们是无辜的。
- 从字面意思看人们的评论，别拼命寻找什么不可预知的动机。
- 要有耐心。不要总期望别人满足你那不切实际的要求，放大家一马。
- 与其总想着改变别人，不如想想如何改变自己。

当然，有些人的确不无辜。他们试图利用你、虐待你。讽刺的是，你越是以君子之礼待人，往往越容易发现小人。

设想一下，如果你在别人眼中也是无辜形象，生活会有什么不同？再不用成天披着铠甲，不用玩命工作来证明自己。不再感到羞耻，开始喜欢上自己。

第四步：发现愤怒背后的情绪

攻击型的人一定要注意藏在愤怒背后的情绪。大多数攻击型的人对愤怒的真正起因视而不见，一叶障目不见泰山。愤怒或已成为一种生活方式，一个熟悉的感觉，而不再是一条警报。但忽略这条警报，就无法实现积极的改变。愤怒将无法赋予你力量，反而是沉重的负担。

愤怒之下定有另一种情绪，它能引导你找到心烦意乱的真正原因。有些人甚至认为愤怒并非一种主要情绪，而是对其他情绪的反应。当我们感到害怕、羞辱、伤害、内疚、抗拒、沮丧、威胁或嫉妒时，愤怒就会滋生。不妨再读一遍第五章"发现不健康愤怒模式遮盖下的感受"那部分。

愤怒与恐惧

火最大的人往往也最害怕。攻击型愤怒模式的人会掩盖深层次的不足和失败。我们在遭到霸凌时，能凭直觉感觉到这点——他们极力想证明自己的强大，不过是在弥补内心深处的脆弱与不足。

赛勒斯：虚张声势的胆小男孩

赛勒斯小时候会在父亲回家时躲起来。父亲非常可怕，一进屋就对赛勒斯母亲大声吵嚷，经常生气，发火时会大力摔门，用拳头打墙壁。赛勒斯犯了错，比如失手摔了杯子，便会受到严厉的惩罚。家务没做好也要挨打。

认识赛勒斯的人简直不敢相信，他在家竟是这么个胆怯的男孩儿。赛勒斯在学校调皮、好斗，喜欢玩粗野的游戏。他经常在操场上和人打架，与一帮粗野的男孩裹在一起。他们喜欢站在街角，恐吓路过的年幼弱小的男孩。赛勒斯开始"单干"，独自欺负其他孩子。他会在学校里挑选一个被他吓坏了的孩子，毫不留情地骚扰他直到哭。如果对方胆敢反抗，他便拳脚伺候，直到老师把他拉开。

如果你和赛勒斯一样有攻击型愤怒模式，那么那些软弱、害怕、脆弱、不称职的人之所以困扰你，很大一部分原因是他们让你想起了自己被拒绝和欺凌的记忆。你还是个孩子的时候，同样会害怕和脆弱，但没有人及时安慰你。父母们太忙，没能注意到你需要安慰；或当你主动寻求安慰时，却被一些不耐烦的言语拒绝，比如"你已经大了，不可以坐在妈妈的腿上""不许哭，该长大了"。独自面对脆弱太不容易，所以你为自己筑起一道可以藏身的防御墙。外人看来你坚强而自信——那不过是掩饰脆弱情感的表象罢了。你逐渐擅长假装强大，看似不可战胜，最后把自己都骗了过去，忘记真正的自我是什么样子。

只有在别人身上体验到熟悉的温柔和美好后，你才意识到原来自己是个非常敏感、脆弱的人。但这个认知可不好，甚至让你痛苦（尽管通常是在无意识的层面上）。你会朝那个让你认清自己的人生气，后悔自己感觉到温柔，嫉妒别人拥有温柔。真实的自我在这一刻呈现出来，但你却一点都不喜欢。为了推倒环绕你四周的防护墙，可以向有同情心的专业人士寻求帮助，你将在安全的环境里重回童年。

愤怒之下的痛苦

在愤怒、控制欲、责备欲、不耐烦和无法忍受他人弱点的背后，隐藏着莫大的痛苦。而发怒又常由痛苦引起。

通常情况下，若非有人加害，否则我们不会对他生气，亲密关系中更是如此。有时我们紧紧抓住愤怒不放，只是为了避免面对隐藏的痛苦。我有过类似的经历。我在十几岁时便筑起一道高墙，掩饰童年经历的巨大痛苦。我用愤怒来激励自己逃离母亲和家乡，去往洛杉矶寻求新的生活。我孤身一人，身上仅有100美元，不得不虚张声势，故作勇敢，以此遮盖无边的孤独的痛苦。

25岁左右时，深埋的悲伤越发强烈，再也无法控制。我决定开始治疗。在和治疗师第一次谈话时，我跟她讲了自己的问题以及我自觉还欠缺的东西。我永远不会忘记她当时说的话。她看着我的眼睛说："你控制欲很强，是吧？我想知道这些控制欲之下都藏了什么。"她看穿了我的伪装，我立即感到和她在一起是安全的。在接下来的两年里，每次治疗我都会号啕大哭，发泄心中压抑许久的痛苦。而她就像一个富有同情心的目击者，同情我，抚慰我。慢慢地，此前修筑的防御墙一块一块地粉碎、倒塌。

如果你经常生气，且持续时间长，看看下面有没有列出你一直试图避免的痛苦。如果做不到敞开心扉，暴露痛苦，你将永远无法治愈。它会日渐溃烂恶化，让你雪上加霜，全身长刺，怒气冲天。

愤怒与羞耻

　　羞耻感是最具破坏性的情绪之一，让人觉得自己一无是处、绝望无助。为了应对并暂缓这令人心力交瘁的感觉，许多人出现了所谓的耻辱之怒。

　　虽然很多人在受屈辱或被贬低时都会发怒，但羞耻感重的人更为敏感，全身是刺，在受到批评或攻击时常怒不可遏。他们对自己十分挑剔，因而认定其他人对他们也同样挑剔。他们瞧不起自己，所以认定别人也不喜欢自己。如果你有沉重的羞耻包袱，一句揶揄或善意的批评都会让你勃然大怒，持续数个小时。由于别人的评论让你感到羞耻，你会设法以牙还牙——想把羞耻丢给别人。

　　躲在防御铠甲下的他们其实非常脆弱。他们把愤怒作为防御的另一种方式，就是在别人攻击自己之前先发制人——好像在说："走着瞧，我会让你觉得自己是个废物，因为你就是这么看我的！"

　　你还用愤怒驱赶人们，实质就是"不要靠近我，我不想让你知道我是谁"。狂暴的行为可以把人赶走，至少能让他们与你保持安全距离。不过当你意识到别人对你避之唯恐不及时，心里也不会好过。

"你应该感到羞耻"

诺亚的父母非常严格,不管他做什么,父母总不满意。他们把羞耻和负罪感作为主要的惩罚手段。每当诺亚没达到他们的期望,比如在学校没拿到全A,或打扫房间不够利索,他们就会毫不留情地羞辱他:"你该感到羞耻!看看别人家的孩子,哪个有你这样的条件?人家放学后还得打工贴补家用。再看看你,啥都不用做,只需要专心学习就行。就这么难么?"成年后,诺亚仍对任何形式的批评极度敏感,容易发飙。他想让别人经受和他一样的难堪。同时也对自己极为挑剔,总要求尽善尽美。如果达不到自己的期望,他就惩罚自己。

第五步:找到控制愤怒的方法

现在我们来整合一下几个元素——愤怒的诱因,关于愤怒的观念,还有隐藏于愤怒之下的真实感受。把这些元素组成一张全景图,你才可以更好地控制和管理愤怒。

▷▷▶**小任务:分解愤怒。**下次生气时,问自己以下几个问题:

1. 为什么这会让我感到愤怒?
2. 愤怒背后的感受是什么?受伤、害怕、羞愧或内疚?
3. 我因此想起过去的某件事了吗?触碰到了我的敏感神经?
4. 是什么想法激起了我的怒火?我对别人对待我的方式有什么看法?

假设一个朋友在和你聊天时电话响了,然后他开始讲电话。你被激怒了。你为什么会生气?让我们来看看。

- "我为什么生气?"可能是因为觉得自己被忽视,或许希望朋友能全神贯注和你说话。
- "我愤怒背后的感受是什么?"或许会感到受伤,因为感觉自己在朋友心中不是那么重要。
- "这让我想起过去的某件事了吗?"可能这让你想起了过去母亲和朋友煲几个小时电话粥或在餐桌上畅快聊天,却没有关注你;抑或是她总是忙于其他事(例如去酒吧,和继父待在一起等)却不陪伴你。
- "是什么想法激起了怒火?"你觉得别人应该专注于你,如果有人在和你说话时分心,就会激发你的怒火;或者你认为,如果朋友真的关心你,他会更愿意花时间和你在一起,而不是跟别人聊电话;也可能是你觉得朋友打断和你相处,去和别人通电话是不礼貌的。

为了学会控制和管理愤怒,你得学会用"我"来代替"你"表达信息,用不具威胁的方式向他人传达感受(比如表述你的愤怒而不是攻击);学会把攻击性的能量和冲动转化为其他发泄方式,采取更有效的行动,改善人际关系。

你无法摆脱、改变或避免那些能激怒你的人和事,但可以尝试控制自己的反应。以下几种模型已经成功应用于用建设性的方式管理愤怒。看看哪种模式适合你。

坚定模式

要想变得坚定，需要学习如何通过没有攻击性的行为满足自己的需求，即在不动怒的情况下表达自己想要（或不想要）什么。简单说就是顾及自己同时不伤害他人。

攻击型愤怒模式的人不知道怎样有效地表达自己的感受和需求。通过以下及第五章提供的练习方法，你将会找到一种更有效的方式来表达愤怒，学会更有效地与人沟通交流。

1. 指出对方让你心烦意乱的具体行为。
2. 决定这个问题或行为是否值得争论。
3. 选择一个双方都方便的时间，告诉对方你想谈谈。
4. 用坚定模式的反馈方法表明观点。例如：时间——"你和朋友通电话占用了我的时间……"结果——"我感到受伤和愤怒。"我更希望——"我更希望你能告诉她你过会儿再打给她，或者你能够把通话时间限制在几分钟之内。"
5. 如果对方认识到问题，了解你的感受，就可以协商解决。比如，你们彼此都接受一起聊天时，他可以限制通电话的时间。

6.学会弥补。放下愤怒,允许自己原谅对方,承认人无完人。例如,尽管你可能永远不会完全赞同朋友的某些行为方式,但不妨试着接受一个事实:他就是他,他的举动很可能不是针对你。理想情况下,你和朋友都会尝试着做一些改变,避免将来在同一问题上再起冲突,但你不应该指望朋友为了你而完全改变自己。

7.问问自己在这个过程中,关于自己和对方,又了解了多少。

人们对坚定型或许会有一些错误的看法,可能会妨碍你的尝试。这些错误的看法有:(1)该方式过于冷静,无法传达真正的愤怒。(2)愤怒必须是强烈的、情绪化的、大声咆哮的或爆发性的,才能产生效果。事实是,让自己变得坚定,才能更好地向别人表达真实的情感强度,其他人也会更好地倾听并接受你所说的话。如果你是一个"责备狂",总是找别人的错,把自己的问题归咎于他人,那么这一点尤其适用。用坚定型的"我"来陈述,而不是责备性的"你",别人会更愿意倾听你的关切,给予你所渴望的尊重。

认知重组

简单来说就是改变思维方式。正如本章节前面一部分所讨论的,不健康的愤怒通常由不现实、不合理、过于自恋的想法导致。认知—行为模型帮助人们看到了不同的思维方式和对愤怒的反应。以下方法已被证实在管理和预防愤怒方面行之有效：

1.即便有正当理由发火，愤怒也随时可能变质。逻辑可以战胜愤怒。因此开始生气时，就用冷静、强硬的逻辑提醒自己，这个世界"不是要伤害你"，只是事情没有朝着你想的方向发展而已，不过是日常生活的正常起伏罢了。每次感到愤怒的时候就这样做，会让你有更客观的视角。

2.要认识到人有苛求的本性，会将期望转化为需求。不要说"我坚持"或者"我一定要"，要说"请"或者"我愿意"。这样当无法得到想要的东西时，虽然会有沮丧、失望和受伤等正常反应，但愤怒的倾向会减少。

3.攻击型的人总在发誓和诅咒，这也反映了他们的内心思想。当他们生气时这些思想就会变得非常消极、夸张，过于戏剧化。试着用更理性的想法取代这些消极想法。例如，不要告诉自己"太可怕了，一切都毁了"，而要对自己说"虽然有些令人沮丧但也可以理解的，我虽然感到忧虑但并不是世界末日"。

4.无论是谈论自己还是他人，都要小心使用诸如"从不""总是"这样的字眼。像"你总是忘记事情"或"你从来没有考虑过我的需求"这样的表述不仅不准确,还会让你觉得你的愤怒是有道理的,解决问题也就无从谈起。这些话说出来还会疏远和羞辱那些原本愿意与你共同努力解决问题的人。

5.提醒自己:生气不能解决任何问题,也不会使你感觉更好(反而很可能会感觉更糟)。

6.挑战或改变那些激起你怒火的想法和假设。

7.放弃那些过度自恋或不正常的"应该"和"想要"。

8.承认愤怒,学习有效的释放怒气的方法。

9.分散注意力,比如离开现场,做一些有利于解决问题的事,从一数到十,或告诫自己"要冷静"。

10.努力宽以待人。

11.别太把自己当回事。运用幽默发现诸事的荒谬之处。

12.像挑剔的父母一样对自己:"我表现得像个自恋的两岁小孩,是时候长大了。"

13.练习思维换框(用完全不同的方式思考问题):"他对我做了这样的事,一定很不安。他真可怜。"

14.发挥想象力。想象最坏的情况,让自己愤怒,然后想象你的目的是表达出观点,而非伤人。

应对愤怒的九个步骤

第一,认清愤怒背后的感受,是什么感觉导致了愤怒。

问问自己："此时此刻，我内心深处的感受到底是什么？是沮丧、受到威胁、害怕，还是羞辱、被怠慢、受伤或嫉妒？"

第二，认清愤怒背后的感受后，就把你的感受告诉那个让你心烦意乱的人。使用学到的坚定型模式，用"我"来表达感受，不要讽刺、辱骂或报复对方。例如，如果感到丢脸，可以说："当你把我们的问题告诉你的朋友时，我觉得很丢脸。我认为这不关他们的事。你这样做让我很生气。我希望你不要再这样了。"

第三，避免发表会伤害他人或破坏你们关系的言论。诸如"你是个婊子"或"你是个失败者"等贬损的话会摧毁一个人的自尊。威胁要分手、辞职或者离婚都能带来无法弥补的伤害。在激烈的争论中，一定不要说任何无法收回的话。

第四，不要为了报复说一些挖苦、侮辱或贬低人的话。遇到惹你生气的言行，不要用讽刺或侮辱回敬，而应告诉对方你的感受，告诉对方你不喜欢他这样说话。或许你会发现他原本并不是有意惹你生气，而是没有意识到他的言行会惹你生气。这也可以让对方知道下次不能这样对你。

第五，考虑清楚再回答。攻击型的人往往会草率下结论，冲动行事。发现自己陷入激烈的讨论时，放慢速度，仔细考虑你的回答。认真思考自己到底想表达什么，而不是随意地脱口而出。同时别忘了认真听对方说话。

人在被批评时自然会有抵触情绪。不要立即反击，而应倾听对方想传达的潜在信息。例如另一半抱怨你陪她时间不够多，不要去指责她在试图压制或占有你，并以此进行自我保护和报复，而应试着去理解——她可能觉得你不够爱她。

第六，避免以任何方式殴打、推搡、摇晃、抓挠、虐待他人。如果觉得无法控制自己，就离开现场，不需要解释。为了保护自己和他人，你要尽快离开。

第七，有必要的话，给自己一段冷静期吧。如果发现自己逐渐失控，就暂停一下。出去走走或去一个可以坐下来思考的地方。等平静下来后再讨论那些烦心事。

第八，以建设性的方式发泄愤怒。如果不想和让你心烦的人谈话或干脆不想说话，那就做点体力活动和运动吧，这是发泄愤怒的好方法。

第九，审视自己在整个事件中扮演了什么角色。敢于承担自己的那部分责任可以防止迁怒于他人，还能帮助你更好地掌控自己的生活。

第六步：找到防止愤怒积聚的方法（减压和放松）

在生命和身体面临威胁需要采取紧急应对措施时，"战斗或逃跑"机制仍然发挥着作用，只是这种威胁在现代社会比较少见。不幸的是，该机制的触发阈值很低，这不仅无助于我们适应当今社会，反而更有可能损害健康。攻击型的人比一般人更容易快速激活该机制,加上相对较弱的副交感神经镇定反应,他们会由于过多不必要的"战斗或逃跑"而面临更高的压力相关疾病的风险。另一方面,许多人因为反应激烈而发展为攻击型愤怒模式。

为了降低反应和激烈程度,你需要学习一些常用的放松方式。本书最后的延伸阅读部分列举了部分关于如何减压的书目。下列建议即可助你马上开始。更多减压技巧请参阅第五章。

专注于能让你放松的单词或图片。例如,反复对自己说"冷静"一词,想象一个放松的场景(如大海或群山)。

参与一项创造性的活动,尤其是需要动手的活动。

学习并练习冥想或瑜伽。

练习深呼吸。停下手中的工作,做10~20次缓慢的深呼吸,每小时一次。用鼻子吸气,保持一秒钟,用嘴呼出。

做个头部和颈部按摩。(用手指在皮肤上画小圆圈,轻轻按摩头部。从头皮开始,逐渐移至耳朵、脸、额头和太阳穴;继续在颈部两侧和背部打圈,然后是双肩。另一种按摩方法是简单地将指尖用力按压在皮肤上。)

开车时关掉车载收音机,享受寂静带来的安宁。

如果有宠物,多花点时间和它在一起。抚摸它、给它梳毛或带它遛弯,观察它是如何放松的,和它一起放松。如果没有宠物,可以考虑养一只。研究表明,养宠物的人通常压力较小。

用幽默摆脱坏心情。大量实验表明，逗乐别人会大幅降低一个人随后做出攻击行为的可能性。当你开始生气时，试着去发现当前情况下的幽默。例如，我曾经对在杂货店排队这件小事相当生气，因为无论我排哪个队似乎总是最慢的：收银员总是停下来换零钱，前面那人又想再查看一下价格等。但现在我不生气了，我承认自己在杂货店排队就没有啥好运气，这些耽搁我时间的突发状况反而使我感到好笑。对于攻击型愤怒模式的人而言，学会自嘲非常重要。处境不顺时，不要抵触、责备或攻击别人，试着对自己的自负、急躁、强迫或控制欲进行一番嘲解吧。

偶尔大哭一场。让眼泪将压力冲刷一空。

寻找精神出口。医学研究多次表明，定期参加宗教仪式的人更少患上心脏病和高血压等压力相关疾病。

通过改变态度和行为减压

攻击型愤怒模式的人表现出来的某些态度和行为会增加其压力。这是因为这些态度和行为会为自己和他人制造紧张氛围。认识此类态度和行为及其伤害，方能更好地改变。以下态度容易产生压力。

必须正确。我们都想成为正确的那个人，都乐于让别人同意我们的观点。但攻击型愤怒模式的人会把这种倾向带到极端。你想要成为正确的,别人就得是错的。试图强迫别人同意你的观点,就可能把讨论变成争论甚至更糟。如果不愿意考虑不同观点,甚至连听都不想听,势必给人际关系带来压力,让你与他人持续角力。虽然拥有坚定的信仰和道德原则没错,但试图将自己的信仰和观点强加于人,不尊重他人也有权拥有自己观点,问题就来了。

必须最好。过度争强好胜或总与他人比较会给人带来很大压力。不管我们多擅长一件事,多么聪明,多有魅力,总是人上有人山外有山。你可以继续努力提高,但一定要接受自己,否则无论取得多大成绩,都不会认可自己。只有认可自己,才不会强迫自己凡事争第一。

必须完美,并期待别人也做到完美。即便知道人无完人,也不能阻止你追求完美,同时还会向他人施压,要求他们也得完美。唯一能阻止你的是意识到对完美的苛求给自己和旁人带来了不安和压力,同时正迅速将自己推向攻击型愤怒模式。不要因为不够完美而责备自己和他人,只有这样才能让自己感觉好起来,内心平静下来。不完美并不意味着失败。我们都有优点和缺点,不如制定一个更现实的目标,即凡事尽力而为,希望别人也能如此。

不断追求更多。享受当前拥有的吧,否则得到再多都不会满足,总想要更多。真正的满足来自于对当下的欣赏和享受。

以下几种行为会产生压力:

试图控制他人。试图控制或支配他人会使人变得紧张。一些人要保持自我意识，另一些人就会被主导，争吵或角力的局面因此形成。摒弃你的控制性行为能减少压力的产生，改善双方关系。

试图改变他人。大多数人都非常抗拒改变，除非是自己愿意。在试图改变某人时，你一定会遇到阻力甚至敌意，进而让彼此感到沮丧和紧张。

试图占有或抓住某人。在一段关系中缺乏安全感，害怕失去对方时，就会努力抓住对方，常发生占有欲太强或抓得太紧等状况，让对方感到非常不舒服。对方要么反抗，要么离开，最后双方都不好过。

把自己当成受害者。把过错归咎于别人总是要容易得多。但是责备会制造压力。对方可能会默认你的指责，对自己没做过的事感到内疚和自责；也可能因为你竟然想逃避责任而生气。

心怀怨恨。对曾伤害、拒绝、背叛你或让你失望的人怀恨在心，搅乱你和亲近的人的生活。怀恨在心会耗尽你的精力，让你深陷过去无法自拔。

虽然这些方法和策略在释放愤怒和压力方面颇为有效，但部分攻击型愤怒模式的人仍需要外界帮助才能更好学会如何处理愤怒。如果你的愤怒持续对人际关系、工作或健康产生负面影响，强烈建议你参加愤怒管理课程或个人心理治疗。

在某些情况下，攻击型愤怒可能是另一种情感障碍甚至是生理健康问题的征兆。

第七步：继续未完成的工作

一个人的特定的愤怒类型常与童年经历有关。如果父母控制欲强，武断独裁，你可能会以之为榜样，变得对伴侣、孩子或同事专横跋扈。无论你的愤怒是哪种模式，重要的是要认清其本质并予以接受。要清楚知道自己的愤怒类型是如何形成的，为什么会形成，以及它在你的攻击性格中扮演的角色。

你或许拒绝承认自己之所以好斗是因为父母或监护人对自己的忽视或虐待。颇为讽刺的是，关于这点，好斗的人往往比以受害者姿态示人的人更难承认。这是因为攻击型愤怒模式的人会通过所谓"认同攻击者的行为"来为自己找台阶。对感到被羞辱的男孩来说尤其明显。在大多数文化中，男性通常不愿被视作受害者。相反，他们会否认自己的受害者身份，转而以施暴者的角色攻击弱小的人。

了解愤怒模式是一回事，改变又是另一回事。要实现这一点，你需要继续未完成的工作。以下是简要概述。

首先，承认童年时被忽视或虐待给自己带来了愤怒、痛苦、恐惧和羞愧。儿时受到虐待或被忽视的人，常会否认自己的情感，如此方能忍受下去。为了生存他们变得咄咄逼人，尤其容易"切断"自己的内心感受。重新找回丢失的情感并非易事，但若想摆脱儿时阴影，停止攻击行为，这是必要的。

你需要重新获得的第一种情绪就是愤怒。你虽然很容易对眼前的人冒火，但对最初的施虐者的愤恨却不得不深藏心底。好消息是你可以利用当前的愤怒来接近那团压抑已久的怨恨。你或许没有将眼前的暴力倾向与儿时之事联系起来，但还请努力这样去做。

▷▷▶ **小练习：建立联系**

1. 下次当你咄咄逼人地对待伴侣、孩子或朋友时，回想父母（或其他监护人）是否曾以类似方式对待你。

2. 一边回想一边感受此时的情绪——生气？羞愧？害怕？把现在的感受和小时候的感受写在日记里。不要压抑，把所有的愤怒，所有的羞耻，所有的恐惧，一一写下。

3. 你或许因为小时候有人对你做了什么——或没能为你做什么——而感到愤怒。认识并接受这份怨恨，然后放下它。要明白愤怒之下隐藏着悲伤，而克服愤怒必须允许自己去感受和表达这份悲伤和痛苦。这可能比发现隐藏的愤怒还要难。为了保护自己脆弱的情感免受伤害，你或许已筑起了心理城墙。推倒这堵墙需要有安全感和耐心。

如果实在难以做到允许自己为曾经受虐或被忽视而伤心，建议你向专业人士寻求帮助。专业心理治疗师将在安全的、相互支持的环境中和你一起推倒这堵墙。

其次，以安全的、有建设性的方式释放对童年被侮辱或虐待的愤怒和痛苦。日记是个非常有效的工具，与通过诗歌、绘画、收藏品或雕塑等手段表达情感同理。如果你能允许自己自由表达情感，这些创造性的努力会是很好的宣泄渠道。写下曾经历的痛苦，描绘出回忆那些痛苦时心里的愤怒，甚至可用任人摆布描述被虐的情景。如果想用身体来表达，跳舞、运动、对着枕头尖叫都行，如果确保没人能听到，淋浴时大叫也未尝不可。

写一封"愤怒的信"，向父母或监护人发泄怒火。

▷▷▶小练习：用语言表达愤怒

1. 想象和惹你生气的人对话。毫无隐瞒地告诉对方你的真实感受。
2. 看着那个人的照片或者想象他就坐在你对面。如果你仍然害怕这个人，想象他被绑在椅子上还被堵上了嘴，无法接近你也无法开口。

再次，让曾遭受虐待或被忽视的人向父母或其他监护人面质。面质是以事情的真相和内心的感受向对方提出正式挑

战。面质并非攻击，并非要疏远某人，更不是一场争论。其目的不是要改变别人或强迫别人认错。

面质不同于释放愤怒。虽然面质过程中可能也会有愤怒或其他情绪的流露，但最好在那之前把愤怒释放掉，以降低失控的风险。

面质能让你恢复力量。它提供了一次澄清事实的机会，同时向他人表达你的需要。

练习面质有多种方式，如把想说的话写下来，大声说出来，或对着录音机说话等。下列模板可供你参考。你可以结合具体需求，在真正的面质中加入个性化元素。

- 列出此人对你的忽视或虐待行为。
- 说明以上行为给你带来的感受。
- 说明以上行为对你儿时和成人后的影响；以及如何影响了你的人生。
- 列出你当时希望对方能给你什么。
- 列出你此时想从对方那里得到什么。

面质的形式多种多样：面对面、电话、通信或电邮等。面对面对你最有利，但可能因为距离限制或没做好心理准备等原因难以实现。选择适合的方法即可，无论哪一种都行。

最后，解决你与施虐者的关系，否则你的生活将继续受到消极影响。

　　虽然健康的、有益的愤怒可以让你走出过去，但责备又会将你往回拽。许多人很难摆脱责备他人的惯性，无法宽恕别人。他们坚持认为，原谅的前提是必须得到对方的道歉或者至少让对方承认自己的劣迹。道歉确实能够有效疗伤，但道歉或认错并不总是会有，如果对象是父母就更难了。抓住愤怒和责备不放，不仅只能让人停留在过去，还会让现在和未来的关系充满敌意和不信任。

　　对于儿时遭到父母虐待这事，不是所有人都能选择原谅。但不少正在积极改变的人认为这是向前迈进的唯一途径。首先要承认愤怒并以有建设性的方式将其释放，直面那些曾伤害你的人。然后试图了解那些人当时的动因。比如更多地了解父母的背景，可能会明白他们当时为什么会那样对待你。很多人对父母的生活轨迹知之甚少。如果你也所知无几，强烈建议你花些时间去了解他们的过去。还有一部分人，包括我自己，通过意识到自己也曾以类似的方式伤害过别人，而逐渐理解了那些曾伤害自己的人。

给攻击型愤怒模式的通用处方

　　不要试图通过让别人变坏或结束一段关系来摆脱焦虑或不适，而应努力控制自己的愤怒。感觉不安的同时，你其实创造了一个可以更好了解真实的自己并体察愤怒之下的感受的难得机会。

找出愤怒的原因——是压力和沮丧的累积，还是触碰到了敏感神经？

把愤怒集中在真正的源头上，比如和原生家庭之间未了的恩怨。

学习并练习让自己平静的技巧。

学习如何更有效地沟通需求(例如:自我肯定)。

意识到愤怒不能解决问题。说到底愤怒也是问题的一部分。找个合适的方式表达你的感受，不要情绪失控，不要试图恐吓或控制别人。

要传达自己的感受而不是攻击别人。语言攻击毫无意义，只会招致对方的抵抗和反击。不要攻击他人或抱怨对方的行为，应耐心将你的感受或心态告诉对方，对方会更有可能认真听你说话并理解你，甚至会因此向你道歉或承诺改进。

学会同情。攻击型愤怒类型的人很难设身处地为他人着想，不会照顾他人的感受。他们沉浸在自我情感中，无法与他人的情感联系起来。

尽量摒弃受害者心态，并认识自己身上的虐待行为。令人惊讶的是，竟然有如此多好斗甚至虐待他人的人总把自己当受害者，对自己给别人带去的阴影视而不见。要纠正这种倾向，当别人指出你的不良行为时，请认真倾听对方讲话，不要只想着自己受到了伤害。不要总抱怨别人伤害了你，让你失望了等，不妨问问你的行为如何干扰了别人。当他们告诉你，你的一些行为让他们害怕、受伤、与你疏远的时候，请相信他们，不要只是觉得他们夸大其词，太过敏感。

给爆发型的具体建议

爆发型的人感觉自己无法控制愤怒。要知道即便看似无名之火也不可能凭空产生。生气总会有原因，一定有迹象表明愤怒正在积聚。你忽视了这些警告信号，因此比一般人更难控制愤怒。

你需要做的第一件事是更多关注自身在特定时刻的感觉，注意任何可能是愤怒的迹象。如果突然激动和紧张，或许就是生气了。身体任何部位的紧张感都有可能是发火的表征，尤其是头部、下巴、眼睛、脖子、背部、肩膀、胸部、胃部、手或脚。

记住上次生气的情景会有所帮助。还记得爆发前体内的感觉吗？感到内心的压力越来越大？肌肉紧张？屏住呼吸？

同时还要注意行为上的变化。生气时你会做一些特定的事情吗？例如咬紧牙关，握紧拳头，在地板上来回踱步？

除了身体信号，脑子里的想法或头脑中出现的对话也是另一个观察要素。再回想一下上一次发飙的情景，在那之前你在想什么？爆发者在积聚愤怒时，往往会以一种非常独特的方式思考，比如觉得自己是个受害者、对别人吹毛求疵、感到绝望，或者觉得别人应该受到惩罚等。试着记住你的自言自语。也许你在想，"我受不了这个家伙""如果她再对我的穿着评头论足……"或者"你不能这样跟我说话"。

另外，不妨询问身边的人在你发怒之前看到了什么信号。他们肯定已经注意到你生气时的体征，所以当他们看到这些迹象时，要么会改变自己的做法，要么会避开你。如果你想控制愤怒，至少得像其他人一样了解自己吧。

▷▷▶小练习：你愤怒的信号

1. 首先，列出一份生病时身体发出的身体信号清单（例如吐痰、头痛、胃痉挛、胸闷）。
2. 把生气时的自言自语列份清单（例如"在她看来，我从来没有做对一件事""没人能那样和我说话，休想逃脱惩罚"）。
3. 最后，在另一张清单上列出你集聚怒气时（即开始表达愤怒时）的具体举动（例如用脚敲地面、咬牙切齿、怒视让你生气的人）。

在认识到自己的愤怒信号后，愤怒就不再是一个谜。你现在有能力控制自己的愤怒，下一步就是把怒气平息下去。

无法确定自己的警告信号怎么办

有些爆发型的人很难——甚至不可能——发现愤怒信号或确定愤怒的确切原因。有些人总是处于愤怒的状态。即便多数时候他们能抑制愤怒，但当他们的防御能力下降、感到脆弱、受到环境(内在或外在)的不利影响或被痛苦的记忆所触发时，被压抑的愤怒就会突然爆发。在其早期性格形成阶段，该类型的爆发者通常无法表达愤怒，并将愤怒指向"禁忌"目标——一般来说是父母。因为愤怒是对被虐待或非正常对待的一种合理反应，所以他的心中留下了深深的不公平感和受挫的愤怒感，这种情绪一般会投射到他的整个世界上。

健康的愤怒一般都有外部原因。不健康的、爆发的愤怒却非由外因诱发。它由内而外，逐渐扩散，走向极端。就算找出愤怒的直接原因，仔细思考就会发现远不止这一个因素。这是因为你同时在表达和经历两层愤怒。较浅的第一层愤怒是针对所谓的直接诱因；较深的第二层愤怒是针对自己，怨恨自己为什么不能以有效的方式合理发泄。你或许害怕自己会对重要的人生气，因为不想失去他们。相反，你会把愤怒指向服务员或出租车司机等对你而言无足轻重的人。有时实在无法假装和压抑自己了，就会把愤怒的真正原因一吐为快，接着是勃然大怒，语无伦次地大喊大叫，荒谬地指责别人，甚至骂脏话。短时间过后，又会被悔恨和被抛弃的恐惧所淹没。为了获得宽恕，你愿意做任何事情，哪怕是卑躬屈膝和自我贬损。

如果你符合该类爆发型的描述，你会从上述关于愤怒如何被触发的内容以及如何完成未竟工作的建议中获益。我为暴怒型和施虐型提供的建议同样对你有所帮助。但要改变愤怒模式，或许你还需要专业人士的帮助。如果自我厌恶和负面经历的积累让你爆发，则需要在治疗师指导下度过这段困难期。

学会放松

爆发型除了会忽视愤怒集聚的警告信号，还会忽视不断积累的压力。爆发时会感到很不耐烦，无法正确处理事情。这不仅是由当前的谈话或情景造成的，更多是因为折磨了你一整天甚至整个星期的沮丧和压力的累积。

如果学会放松由于愤怒导致的身体紧张，控制愤怒就不再是大问题。保持放松状态，则几乎不会生气。学习减压使人冷静，让人可以清晰地思考问题，更高效地应对各种挑衅。有关减压技巧请参阅第五章。

学会控制愤怒

即使发泄愤怒后能暂松一口气，但问题并没真正解决，反而会带来更多麻烦。首先，虽然刚开始会感觉好一些，过不了多久就会有"我真是愚蠢、幼稚"等内疚感。你意识到尖叫或咆哮并非成年人该有的行为，而你的行为伤害了身边的人。你还意识到，发脾气会失去他人的尊重，甚至危及事业、婚姻或亲子关系。

其次,发怒解决不了问题。愤怒之下,你无法与困扰自己的真正原因进行有效对话。学会以理性和直接的方式表达你的担忧,别人会更容易接受你。

就像所有攻击型愤怒一样,愤怒实际上是防止自己感受另一种情绪,或阻止自己感受到自身的脆弱性。当你烦躁不安时会立刻爆发,以此避免感受到伤害。试着控制愤怒,而不是把它指向外部,指向其他人或事。

通过控制愤怒并让自己感受隐藏在愤怒之下的情绪,不仅能更真实地对待自己,还会避免一些可能让你追悔莫及的言行。如果觉得自己受到了伤害或羞辱,不妨直言相告,加强沟通,而不是制造距离。当你不由自主地以愤怒回应,就失去了进行坦诚交流的机会,更谈不上治愈伤口或缓和关系了。

还要意识到,每次发脾气都在使自己变得更生气。《愤怒:被误解的情绪》作者卡罗尔·塔夫里斯(Carol Tavris)认为,发泄愤怒是在"排练"——即练习次数越多,爆发越频繁。用惯常的方式发泄愤怒并不能让你少生气。相反,每次爆发都把自己训练得更具威力。你越生气,就越想生气。

给暴怒型的具体建议

愤怒突然爆发常意味着你有隐藏的羞耻感。开始感到羞愧时，你就会生气。既然羞耻感是愤怒的源头，那么控制愤怒就取决于是否能控制羞耻感。那么就从认识羞耻感开始吧，争取尽快熟悉它。

羞耻是一种感觉，让你觉得自己是世界上最糟糕的人，低贱到尘埃里。不同的人对羞耻的体验不尽相同，但多数人感觉自己被暴露在世人面前，觉得自己无足轻重，不断沉陷，受到伤害。有些还会感到头晕目眩或恶心想吐。

你的羞耻感清单

1.留意是什么触发了你的羞耻感。受到批评？被人看穿（一位客户将其描述为"撕下了我的伪装"）？被拒绝？

2.什么时候最有可能感觉到羞耻？是在最没有安全感的时候吗？是在你想给别人留下深刻印象的时候吗？

3.谁最有可能让你感到羞耻？是你最关心的人还是你最想给其留下深刻印象的人？让你感觉不舒服的人？曾经拒绝过你的人？

4.留意羞耻感是如何转化为愤怒的。你是否会因为被人拒绝而贬损对方？对敢于批评你的人，你会恶语相向吗？会对让你自愧不如的人大喊大叫吗？失意时会变得难以相处，蛮横无理吗？

要打破羞耻感与愤怒的循环，每次生气时记得问一句："我为什么会感到羞耻？"视愤怒为羞耻感开始积聚的信号灯。突然暴怒时尤其应当这样做。刚开始或许很难发现体内的羞耻感，且并非每次生气时都会感到羞耻，但经过练习，就能准确体察到羞耻感的产生及其缘由。

一旦确定羞耻感与愤怒的关系，下一步就是切断这层联系。这意味着必须压制自己通过发怒以抵抗羞耻感的冲动。以下建议将有所帮助：

1.下次生气时，尽快离开对方，比如找个借口出去走两步，或者去趟洗手间。尽量与对方拉开距离，也即是与愤怒拉开距离。

2.问问自己，"为什么我会感到羞耻？发生了什么事？这个人说了什么，做了什么吗，让我感到这样羞耻？"

3.如果羞耻感太过强烈，不妨和信任的人（治疗师、赞助人、互助小组成员、热线电话等）谈一谈。坦诚告诉朋友你因为羞耻感自我感觉很糟。但别去责备那个"坏人"，找找自身的原因。试着从当前事件联想开去（比如童年经历或最近一次创伤性羞辱）。让朋友告诉你至少一个优点，以此说明你不是可怕之人。

4.如果找不到信任的人，就把感受写在纸上或日记里。描述尽量详细，别忘了写下身体上的反应。每当感受到出现类似感觉，就在以前的时间和事件中进行追溯。一旦发现关联事件，详细记录。最后花一点时间想想自己有哪些优秀品质和不凡成就。

羞辱和攻击他人可以暂时掩盖羞耻感，但并不能治愈它。治愈过去的耻辱（例如童年时期被忽视、遗弃或虐待的经历），你应该和亲近、信任的人（伴侣、密友、治疗师、互助小组成员）谈谈那些过往。

你需要有意识地说服自己：做自己挺好的！以下建议将对你有所帮助：

1. 不再依赖对你不好的人。

2. 如果有人对你不好，让他别再这样！告诉对方你不应受到如此对待，即便你心里尚不确定自己是否值得被温柔相待。说的次数越多，你会越坚定。如果他仍待你不好，不必重复，否则就像在乞讨，还会让他觉得你软弱，也让你觉得自己软弱，失去自尊。

3. 当有人对你不好或侮辱你，别受其影响。真正在乎你的人不会因为不喜欢你的某一方面而侮辱你。他们会好心地把你带到一边，和你谈谈。即便如此，你也没有义务把他说的每句话都听进去，因为人们在指出另一个人的缺点时往往带着隐藏的动机。记住，不要因为别人说的话而妄自菲薄。不要在脑海中反复播放负面信息。

4. 花更多时间和了解你、接受真实的你的人在一起。择友的标准是看"他对我好吗？"，而不是"和他一起我感到舒服吗？"。因为只要是长时间相处的人，哪怕他对你不好，让你想起童年阴影，你也觉得和他相处很舒服。

5. 向接受真正的你的人敞开心扉。秘密越少，越不易招致羞辱。

6. 己所欲者，亦施于人。你以尊重和体谅的态度对待他人，对方很可能也会同样待你。对别人越好，越不易招致羞辱。

7. 能体会别人对你的好。有人帮了你，花几分钟时间去感受和享受这份惬意。不要怀疑他的真诚，不要总觉得对方有所图。相信他对你好是出于善意，出于对你的欣赏。有人赞美时，请深呼吸，欣然接受。不要否定别人的赞美，不要拒绝溢美之词。多数人的赞美都是出自真心。

8. 让对方知道你很感激他的好意。这将鼓励人们保持善良。

给控制型的具体建议

控制型的人会利用愤怒操纵、恐吓他人，获得对他人的控制权。不少人之所以避免发怒，是因为怒气冲顶时的强烈感觉太可怕，担心自己失去控制，做出追悔莫及的举动。但控制型的人发怒多半是有意和蓄意为之。生气会让其他人害怕你，乖乖照你吩咐办。你觉得用愤怒和权力进行威胁，就没人能伤害或控制你。有些人甚至很享受威胁和伤害别人，这能让他们自我感觉更强大，控制欲得以满足。

你或许并非有意为之。某些人还会因此产生负罪感。但发怒确实能奏效。通过反复试验（或者受父母、监护人的影响），你发现发怒可以让自己如愿以偿。原本只是稍微生气，却要装作勃然大怒，以此使人屈服。一旦有人反抗你，同你争辩，你会变得极易被激怒。你从未想过避免愤怒和控制自己的怒火，反而将其当作一种优势。要改变控制型愤怒，首先得坦诚面对这个事实。

计算一下控制他人和发泄愤怒给你带来的收益。你从中得到了什么？例如，控制型愤怒模式的人极力想控制家人，要求孩子和配偶毫无异议地服从。控制欲的产生是为了得到别人的尊重，而行使权力可暂且消除自卑感，提升自信心。

▷▷▶**小任务**：制作一份控制他人和发泄愤怒的收益列表。例如，"我得己所愿""我成功让人远离""我通过恐吓使对方屈服"和"在别人眼中，我很强势"等。

为了摒弃这些收益，你得找到其他疏导情绪的方式。事实上，你会阅读本书，说明你已意识到操纵他人会付出代价。或许愤怒已让你的人际关系岌岌可危，职业生涯遭受重创，逐渐同孩子或其他家庭成员疏远，甚至吃了官司，被强制接受愤怒管理课程等。除此以外，还有更重要的原因让你不得不改掉控制型愤怒模式。

通过发怒控制他人，将阻止你面对真实的情感，无法认清真正的自己。愤怒背后很可能隐藏着巨大的悲伤、恐惧和脆弱。弄清自己真实的感受，看清自己到底是谁，远比威胁他人需要更多的勇气。

在情绪失控时，用愤怒控制别人，会为你营造出一切尽在掌控中的错觉。控制欲强的人常失控。事实是，你不能操纵任何人，除了自己。可现在连自己也失控了。

用愤怒控制别人，你无法体验真正的亲密关系。没人愿意亲近仗势欺人、横行霸道之徒。他们感受到的不是爱与亲密，而是畏惧、愤怒、怨恨、憎恶。放下控制欲，你将收获来自爱人、孩子、友人、同事的爱与尊重。

给责备型的具体建议

责备型的人似乎不同于其他攻击型，并未显得有多么激进。但事实证明，他们的行为具备同等伤害性。毫无疑问，责备是一种侵略性的、敌对的行为，是精神虐待的一种。因为责备即是羞辱，将极大地伤害他人的自尊。

简单告诉对方你生气，这没有任何羞辱对方的意思，没有暗示他是一个糟糕的人。你没有责备他应当为你的感受和处境道歉，而是在陈述你生气的事实。这样说话可以让对方感到放松，愿意倾听你接下来说的话，而不是与你针锋相对。

许多人沉迷于对他人的责备，未曾从彼此伤害的泥潭里脱身。相反，他们沉溺于自怜，对伤害自己的人持续施加严厉的负面情绪。他们陷入责备的魔咒，沉湎过往，裹足不前，不愿包容原谅。要走出怨天尤人的怪圈，以下建议可供参考。

学会表达愤怒却不掺杂责备成分。如果有人伤害或冒犯了你，告诉对方他的行为影响了你，而不是竭力让他背负罪恶感和自卑感。陈述事实即可，无须指桑骂槐。别去羞辱、责罚、贬低对方。你倒是习惯了谴责别人，但别人可没义务接受你这一套。你无权改变他人的行为和态度，不要说教鼓吹。

不要夸大别人的行为，避免使用"每次""一直""从不""任何人""任何东西"等词实施指控和威胁。

对自己的行为负责，别急着责备他人。责备型的人一遇到问题或冲突，就轻易地推卸责任。你总是理所当然地认为出现差错必定是因别人的过失。停止责备他人，别再把自己的行为归咎于他人的刺激，别再试图将其合理化。为自己负责，为自己的行为负责。

对自己的情绪负责。很多责备型的人只看到别人的过错或缺点,以此逃避自身的自卑和羞耻感。愤怒或能赋予你力量,但如果愤怒是由羞愧所诱导出的,则这种力量就是虚假、短暂的。与其抨击他人,与其妄图改变无法改变的人,不如承认自己的恐惧和羞愧。

尽量少挑剔和评判他人。下一次你想要责备某人(比如伴侣或孩子)时,记住以下几点:(1)确保你没有自我批判,也没有将其投射到别人。(有关投射的更多信息,请参阅第九章。)(2)在对别人说话之前,将内容记在日记里,休息一下,让情绪随时间消散。

意识到,深陷责备的泥潭反而会让你成为他人的附属品,从而陷入困境。责备越多,你赋予对方的力量就越大。直接向对方表达你的愤怒,或以有建设性的方式释放怒气,然后愤怒赋予你力量,激励你尽快翻页。相反,责备只能耗尽你的精力,陷入问题无法自拔。

认识到判定过错并非必要。每一个错误、每一次不愉快都会让责备型的人喋喋不休。他们总是在寻找替罪羊。但无论你如何拼命试图控制一切,总会百密一疏。责备不能解决问题,不能确保未来不会发生同样的错误。放下责备,分析形势,尽量避免重复出错才是良策。如果你实在无计可施,或是超出能力范围,那就坦然接受,全当自己运气不好罢了。

给施虐型的具体建议

没人愿意承认自己是施虐型愤怒模式。他们大多擅长自欺欺人并为滥发脾气寻求说辞，因为他们心里清楚，一旦承认滥用愤怒，并因此造成了毁坏，自己便会被羞愧感吞噬。否认会让我们产生虚妄的安全感，而现实却残酷得如一瓢冷水、一记耳光。

可惜多数人对施虐型愤怒如何被引发一无所知。你的愤怒日记有助于你识别诱因和错误信念，助你洞悉自我行为。记录每一次滥发脾气，问问自己"是什么让我发如此大的火？"。激怒你的可能是一件看似不公平的事，也可能是你感觉受到了不公正对待。与其为此心烦意乱，不如接受世界本不平等的事实，脚踏实地学习如何应对。

当然，对抗滥发脾气倾向最有效的方法是继续完成之前因为发脾气而暂停的事。变得生气不是问题，一直生气才是问题——你的生活被怒火控制了。如果不能挖掘出愤怒的根源，则不能摆脱施虐型愤怒带给你的束缚。

建立行为滥用和物品滥用之间的联系

研究证实物品滥用和暴力两者间存在联系。婚姻中一方或双方滥用酒精和药物，家庭暴力的发生率就激增。以美国为例，物品滥用增加了男性殴打伴侣的概率。一半的家庭暴力事件均与双方饮酒有关。

尽管物品滥用本身不是危险因素，但可使人失去控制力，降低抑制力，削弱判断力，导致发生问题的概率提升。酒精和药物滥用可能助长误解和怨气，降低对攻击性行为后果的思考能力。

酒精滥用是男性暴力案件的主要诱因之一。美国成瘾研究所（The Research Institute of addictions）发现，丈夫酗酒是婚姻暴力的关键因素。酒精中毒可能使男性将其暴力行为合法化。男性比女性更可能将滥用酒精同降低愤怒管理能力、提升优越感联系起来。

认识到攻击行为的无效性

于己于人，言语侵犯（吼叫、谩骂、嘲讽）均无助于情感交流。当你咄咄逼人时，便开始树敌，并遭到对方回击；或者你通过恫吓他人，使其敢怒不敢言。不论哪种情况，均不会有真诚的沟通。真实情感被忽略，问题没有解决。相反，通过讲述你的情感状态，阐明这种负面情绪的来源，你开启了一扇沟通的大门，别人有了深入了解你的机会。比较下面两种交流方式的不同：

1. "你完全就是一个荡妇，当着大家的面整晚都在与他调情。你是不是恨不得马上同他上床？"

2. "你同那个男人调情,深深伤害了我,我很生气。看来他比我更能吸引你。你们在舞会上当众调情,是对我的不尊重。真的让我难堪至极。"

第一段话,对方会感觉受到侮辱和攻击。她或选择反击,或置之不理,或转身就走。如此难听的语言让她很难听到埋藏于愤怒之下你受伤的声音。

第二段话,对方更愿同诉求者保持交流。即便她有所防备(如果她当时真的在调情),也会感同身受,知道你受到了伤害。她如果在意你,一定会感觉不安,想要找机会表达悔意。

愤怒时大吼大叫、蛮横无理的人不会获得预期的结果。你真正想要的是倾听和理解,渴望得到道歉,希望类似的事情不再重演。但你如此这般一闹,什么都不会有了。陷入恶性循环,逐渐变本加厉,最终引起别人的反击或漠视。

培养同理心

施虐型的人缺乏同理心,只在乎自己,不会设身处地为他人着想,不理解他人的情绪。不管自己多么不体谅对方,不耐烦,自私自利,尖酸刻薄,恶语相向,都会以受害者自居。要遏制滥发脾气倾向,须踏出自我"监禁"的牢笼,将心比心。下面的练习将有所帮助。

▷▷▶ **小练习：学会善解人意**

想想与你相处不好的人，从对方视角考虑当时的状况。通过练习，你或可有一些意想不到的感悟。身处事件中时更要不断提醒自己，凡事均有两面性。

对抗消极情绪

施虐型的人往往挑剔和消极，常对亲近的人吹毛求疵以达到以下目的：掩饰脆弱，逃避问题，带偏周围的人。下面的练习有助于改变你消极或责备的心态。

▷▷▶ **小练习：常怀感恩之心**

1. 每晚入睡之前，回想一天的美好。想到坏事情时，务必让思绪回到好事情上。一位客户曾对我说："这个方法帮助我获得了新的视角。我总是在意那些破事，在意那些事与愿违的事。但我会停止纠结，告诉自己'等等，一定有好事存在'。然后我就会记起许多称心如意的事情来。"
2. 每天至少回忆三项配偶如何对你或亲近的人（父母、子女等）体贴关心、为你周全考虑的实例。
3. 现在，想出至少三个感激配偶的理由。例如，"感谢她仍陪伴着我""感谢她不再饮酒"或者"感谢她的包容"。

防止滥用愤怒

避免在言语和行为上中伤你爱的人（孩子、配偶）以及别人。请践行下列警报（ALERT）计划。

承认（Admit）自己有滥用愤怒的倾向。

一旦意识到你逐渐失控，**离开**（Leave）当前环境。

以有建设性的方式**宣泄**（Express）情感（外出散步、心里责骂他人、将想对对方说的话写在纸上）。

放松（Relax）。适当地释放积聚的压力（从事放松运动、深呼吸、冥想、祷告、弹奏舒缓的乐曲、诵读经文、点一根蜡烛、播放轻松的音乐）。

追溯（Trace）原因。冷静之后，回顾一天的时光，弄清自己为何暴怒。记住别责备别人。担负起责任，寻找愤怒的根源。

第七章

从消极到自信

> 我畏惧我的愤怒。我害怕一旦怒火开始燃烧,我将失去控制,变得疯狂。
>
> ——拉里,24岁

尽管不乏如圣雄甘地般杰出的和平主义者,但被动的方式似乎并不适合你,否则你也不会读这本书。你以消极、无声的方式反对某人或某事时,完全允许对方凌驾于你之上。愤怒是天然的防御机制,旨在保护我们免受痛苦和虐待,因此否认愤怒不是正确的选择。愤怒一旦产生,体会和承认愤怒才会对自己有益。不然你将错失愤怒的益处——心理授权,自我防卫,给予能量和动力。愤怒激励人们解决人际冲突。在极端压力下,它能提升自尊,培养自控力。

消极型愤怒的人不会为自己挺身而出。他们不会为争取平等和尊重而采取任何必要、合理的行动。倘若你是这种愤怒模式，不必为了转变它而像疯子一样大喊大叫，但需要学会允许自己表达情绪和需求，自信地交谈。本章重点讨论以下几个方面：

  1.发现消极型愤怒的根源。
  2.克服对表达愤怒的恐惧。
  3.超越社会对女性顺从的期望。
  4.了解未发泄的怒气对自己和他人造成的伤害。
  5.学会坚定地表达愤怒。

第一步：发现消极型愤怒的根源

  首先明确你当初选择消极型的原因以及促使你保持消极的核心信念。如第五章所谈，童年早期是形成愤怒类型的关键时期。回顾你的愤怒信念列表，记起自己的核心信念及其来源。在本章节的后面，我将帮助你确定二级细分类型的根源，包括否认型、逃避型、暴饮暴食型和自责型。

  有人天生便是消极交往类型，这是性格的一部分。内向之人不善自然大方地表达包括愤怒在内的情感。害羞并不意味着你没有表达情绪的能力，自然流露就行。羞怯之人会在受挫时蜷缩起来，面对挑衅时拒绝回应。换言之就是缺乏自信。

  失败的社会经历使许多人对与人互动持消极态度。消极低沉，唯唯诺诺，隐藏愤怒是他们后天习得的，幼时受过精神、身体及性虐待的人尤其明显。被以上任何一种方式迫害过的人，时常得忍受强烈的无助感，坚信自己绝不可能把控结局。他们笃信，为自己的权利而战或想保护自己免受伤害，最终不过是幻影。因此，即使别人激怒了你，也只能自思自忖"告诉他我的愤怒有什么好处？于事无补"。

> ▷▷▶小练习：愤怒的词语
> 1. 制作一份词语列表。当提及"愤怒"时，不必思考，写出印入你脑海的全部词语即可。
> 2. 看看列举的词中有几个具有负面含义。
> 3. 现在，尽可能地想几个蕴含积极、肯定意思又跟"愤怒"有关的词。对比第1项中消极词语的数量。

第二步：克服对表达愤怒的恐惧

消极愤怒型的主要形成原因极有可能就是你害怕表达愤怒。不管是愤怒、悲伤、担忧，还是爱与欢乐，只要我们察觉到有情绪在积聚都会恐慌，担心会被情绪吞噬，或失去控制——脑海中出现情感肆意蔓延，四处流窜，造成巨大破坏的景象。讽刺的是，你所压抑的部分反而会带来麻烦。愈是压抑和按捺心中怒火，愈有可能在不经意间爆发。

为了帮助你克服关于愤怒的恐惧，必须理解具体的原因。

害怕报复。如果在孩童时期每一次生气都会挨惩罚，或者成人后因反抗伴侣受到了虐待，会滋生出一种真实的恐惧感。一位咨询者告诉我说："小时候，有一次我跟爸爸顶嘴，遭到暴打。从那以后我再也不还口了。"

害怕被拒绝。如果为自己争取利益时遭到过拒绝，同样会产生真实的恐惧感。咨询者约瑟夫（Joseph）对我说："刚结婚时，每次对妻子发火，她便保持沉默。我并没有咆哮，只是告知她我不满她的作为。但是她说我不顾及她的感受，如果爱她就不该生气，甚至拿离婚威胁我。所以我再也不愤怒。"

害怕伤害他人。如果有人因你的愤怒而受伤，那么恐惧更加强烈。一个朋友的真实故事："在成长过程中，我脾气极坏。生气就会怒吼，尖叫，砸东西，几近疯狂。一天，我冲弟弟发火，将一盘食物砸向他，盘子击中他的头部，划开了一条口子。他被送到医院缝合伤口。自此，我从未发怒。"

害怕变成那些曾虐待你的人。如果你在儿童或青少年时期遭遇了精神、身体或性虐待，则压抑愤怒的首要原因是担心自己成为一个施虐者。这是个需要重视的问题。既然害怕这种恶性循环，就更需要敞开心扉，坦然地交流愤怒情绪。继续忍气吞声，很可能有一天你会暴跳如雷。极有可能你已经以某种消极的方式把怒火发泄在了所爱的人身上（蔑视或怒斥、冷暴力、无理的期望）。要确保自己不成为施虐者，以适当的方式释放对过去施虐者的愤怒,当前的愤怒同样需要表达。

害怕失控。你认为向人表达或与人交流愤怒会让你失控。害怕表达愤怒会陷入疯狂,害人害己。讽刺的是,压抑愤怒的人却最具破坏性,更可能在不适宜的时间,以不恰当的方式爆发。愤怒只有得到宣泄,你才不会发狂。时常表达愤怒而不是极力避免,才能更好地掌控自己和情绪。

害怕失去理智,不想成为傻瓜。愤怒不但不会让你失去理智,反而能让你更清晰地思考和看待问题。它赋予你改变的力量。别等到愤怒压抑到极点后的爆发,那时你会大喊大叫,行为出格,乱咬一气。

▷▷▶**小练习:克服你的抗拒心理**

如果你不想公开表达愤怒,下面的练习有助于揭示你害怕愤怒的原因:

1. 提笔写下并完成这句话:"我不想表达愤怒是因为……"无须提前想好答案,只要写就行。
2. 继续完成这句话,有多少都写下来。

第三步:超越社会对女性顺从的期望

以下信息适用于女性和消极型女性的伴侣。尽管不少男性的主要愤怒模式也是消极型，但相较而言女性更难认知和表达愤怒。女性克制愤怒出于多种原因：

1.担心表达愤怒会招致报复；
2.害怕表达愤怒会有损相夫教子的社会角色，或远离苦苦追寻的爱与亲密；
3.改变暗示着差错；
4.希望被视为"好女人"，而不是"缺少女人味"或"泼妇"。

女性难于承认和表达愤怒，到底是由性别差异造成还是由地位和权力差异引起，仍存在相当大的争议。更可能两者皆有。有人认为，社会允许女性表达愤怒以此保护比自己更弱小的群体（比如其子女），却反对她们为自己发声（可能根植于"女性若释放力量将极具毁灭性"的信念）。女性已被训练得面对暴力仍能抑制愤怒，畏惧强者的报复。

贝兰基（Belenky）和吉利根（Gilligan）等研究者发现相互关系对于女性而言至关重要。如此便能很好理解女性愿意不惜一切去建立和维持亲密关系，哪怕改变自己。

女性对愤怒的十大常见误解

多年的工作经历让我发现女性发怒时，常犯以下错误：

1. 愤怒时常哭泣。
2. 告诉自己无权生气。
3. 麻痹自己，否认愤怒，即便她们心底清楚怒火早被点燃。
4. 成为"愤怒磁铁"——吸引那些敢于大胆表达愤怒的人。
5. 假装原谅，却伺机报复。
6. 变得孤僻或躲避惹怒自己的人。
7. 将对别人的愤怒发泄在自己身上（数落或苛责自己）。
8. 填充愤怒（暴饮暴食，酗酒，抽烟，吸毒，行窃，沉迷性交）。
9. 迁怒无辜（明明是生丈夫的气，却对孩子不耐烦）。
10. 压制怒气，突然爆发，用言语中伤周围的人。

愤怒的其他形式

女性对愤怒的大多数错误做法，都错在消极型表达方式上，在坚定型或攻击型表达方式方面错误要少一些（第10条除外）。对女性而言，表达愤怒不被社会认可，她们学会将愤怒伪装为伤痛、悲伤、担忧、控制欲，或转化成头疼、失眠、溃疡、背痛和肥胖。处于压力之下的女性往往将愤怒转变为眼泪、伤害、自我怀疑、屈从及无意义的指责；变得冷漠孤僻、萎靡不振或争强好胜。愤怒伴随哭泣，这是女性在遭遇不公时无力和无助的表现。当和愤怒对象之间存在巨大的力量差距且对方的力量足以挫败、阻止她发怒时，眼泪将会与愤怒共存。哭泣常被曲解为悲伤，其实是女性在表达自己愤怒的正当性和受伤害程度。

愤怒有何益处？

为对抗有关愤怒的负面文化环境，女性需要了解坦率表达愤怒情绪有着诸多积极意义。愤怒有多种功能：

- 愤怒是一位信使，它提供线索，告知大家某个地方肯定有问题。
- 愤怒是一位导师，告诉我们一切情感——包括愤怒——都承载着知识、见解和启迪。
- 愤怒能助女性确定症结所在，然后集中力量应对威胁，知悉如何改变、改善和保护自己。
- 愤怒是力量的源泉，用以对抗社会和人际的不公。
- 释放怒火可促进健康。女性癌症患者中表达愤怒者相较于压抑愤怒者寿命更长。
- 愤怒，包括暴怒，不仅是生存工具，还是女性找回自己、重新认识自我的一项基本技能。
- 愤怒令人不适，但比焦虑要好，不会用他人的指责伤害自己。

第四步：了解未发泄的怒气对自己和他人造成的伤害

一味地压制或压抑愤怒会断绝自己与内心的沟通。愤怒是捍卫权利、表达不满的方式，让对方知道你希望被如何对待。它激励你在人际关系或其他方面做出必要的改变，让对方知晓你希望得到尊重和公平。

不要自欺欺人，愚蠢地认为克制能让愤怒奇迹般地消散。每种情绪存在均有其意图，它会跟随你，埋在体内，藏于心里，直到所蕴含的意图被认知和理解。愤怒由内而发，告知你眼前这件事是不可取、不健康的。压制情绪不过是掩耳盗铃，不仅使感觉麻木（包括积极的情感），而且还会引发相应的生理症状，如肌肉紧张、背痛、胃疼、便秘、腹泻、头痛、肥胖，甚至高血压。

压抑愤怒还能导致你对周围的人和事反应过度，行为失当。压制太久会让你暴躁、失去理智、情绪失控甚至会产生抑郁。如果担负了过多压抑的愤怒（无意识埋藏的愤怒），你会怒斥别人，因很久以前的事而指责或惩罚他们。因为在那时，你不愿或不能宣泄情绪，如今才得以以过激的形式释放，最后损坏你的人际关系。

消极型愤怒有损健康的人际关系。否认愤怒或者退缩、远离你的伴侣，会剥夺双方共同解决问题的难得机会。相反，你在制造紧张氛围，最终让自己怒不可遏，在愤怒声讨后，只能伤害和激怒伴侣。对方还会困惑：为什么你之前一言不发，现在突然发这么大火？

另外，人一旦生气，就会散发出某种愤怒的能量——有时可以察觉，有时虽不能察觉但能被下意识地感知到。不论是否公开发怒，他人是否察觉，愤怒都会给别人造成影响。别人也会发脾气，与你针锋相对；或者对你持警戒态度（更多内容参阅第九章）以回应。

对挑衅不作回应，置之不理或任其发展，均不能阻止对方难以容忍的行为。别人不会因为你的沉默而止步，放你一马。对不合理甚至是虐待性的行为做出消极回应，反而相当于在同意、鼓动对方继续。回击越少，招致的挑衅越多。

愤怒可能成为最危险、最可怕的情绪。对愤怒的恐惧将你囚禁在过去，害怕面对伤害你的人，畏惧勇往直前。然而，你发泄的愤怒愈多，恐惧感愈少。愤怒是一种力量，能降低一个人的无助感。发现并释放愤怒，从而摆脱身心紧张，重获能量，实现蝶变。

▷▷▶**小任务**：列举因压抑愤怒，你伤害自己和他人的方式。

第五步：学会坚定地表达愤怒

对消极型而言，坚定极其重要。我们从第五章便开始了关于坚定的讨论。本节主要谈谈坚定的益处。

坚定是有别于无助感和被人操纵的另一种全新的选择，是创造平等人际关系的工具。坚定让你避免因为未能表达内心的想法而顾影自怜。坚定能提升自尊，减少焦虑，助你获取更大的尊重，提高有效沟通的能力。

以下是有关坚定的部分益处：

- 促进人际关系平等。坚定赋予人力量，使人在人际交往中获得平等地位，而不是甘愿受人颐指气使。
- 助你多为自己着想。坚定能让你有主见，避免受别人支配；鼓励你积极主动，相信自己的判断。
- 助你为自己撑腰。包括敢于说"不"，掌握自己的时间和精力，勇敢回应批评和贬损，陈述和捍卫自己的观点等。
- 助你诚实坦然地表达情绪。包括提出异议、表达愤怒、承认恐惧或焦虑，自然随性而不会有不安。
- 助你维护个人权利。包括反抗侵害自己或他人权利的行为，具备应变能力。
- 助你尊重他人权利。归根结底，坚定是一种能力，让人在不伤害他人、不失公允、不横加干涉或操纵别人的前提下完成上述任务。

扫除坚定的阻碍

要学会重视自己和直接坦率地表达情感，必须消除与坚定相关的偏见：

认为自己无权变得坚定。人人有权为满足己需而坚定行事，这一点或许与你的既有观点不同。但并不意味着你可以盛气凌人。坚定不是损人利己，不是冥顽不化。而是人人有权为自己的权利而战，维护属于自己的利益。

害怕坚定。许多人害怕如果坚定行事，就会被他人视为傲慢、爱出风头、令人讨厌，因而不愿变得坚定。其实即便努力取悦他人，同样会感觉到沮丧和无助。因为他人的想法不一定适用于你。拒绝无理的要求，表明自己的想法、感想和立场，即使不同于他人，都不能断言你是自私自利的人。坚定不会如想象一般，完全得罪对方，纵然有过，他们也会选择原谅。当你下定决心改变待人之道时，会惊讶他们的接受速度也会如此之快。其实有人更喜欢全新的你。

克服家庭和文化里对坚定的负面评价。这是一个艰难的过程。之前谈论过女性在这方面会遇到问题，比如需要战胜传统文化里女性就应处于被动地位的观念。家人的影响或幼时的经历使你固执地认定坚定不被认可，甚至是危险之举。

试着告诉自己以下几点来反驳上述错误理念：

1. 我有权被人尊重。

2. 我有权表达情感（包括愤怒）和观点。

3. 我有权拒绝他人而无须有负罪感。

4. 我有权寻我所欲。

5. 我有权犯错。

6. 我有权追求幸福。

坚定的技巧

以下信息旨在逐步引导你与关系不好的人，同伤害、惹恼过你的人进行坚定的交流。

以"我"开始进行陈述，非常具体地表达情感，描述问题。把"我感到沮丧"或"我很生气"等有关"我"的句子作为交流的开端。根据具体环境和两人关系，随机应变，把握好分寸。正面例子："我必须与你谈谈。我非常失望，院子还是一团糟。两周前我就告诉你要办一次自助烧烤为父亲庆生，你也答应了打扫院子。但至今都没弄好。"

避免责备性语言。除了避免以"你"开头的责备语句如"你从未说到做到"，同时也要回避挑衅性、评判性的言语如"你怎么回事？"或"你怎么这么懒？"。正面例子："我已经两次要你打扫院子。你答应上周末就做。现在还没完成。出什么事了吗？"

向对方解释自己沮丧的原因，说明对方的行为给自己带来了负面影响。正面例子："我本打算邀请亲朋好友来家里烧烤，为爸爸庆祝生日。但院子太脏太乱，只能取消了。"抑制责备和抱怨的冲动，陈述原因即可。

清晰明了地表达期望。以坚定的、非指责性的方式表达对某事的需求和期望。正面例子："我不想再为院子的事情操心。直接告诉我，你愿不愿意打扫？如果在下周前你不能或不愿清理院子，我就雇一位园丁来做。"

注意语言的流畅性。语言的流畅性是不可多得的优势，使说话者的观点更容易被人接受。相较于快速的、不稳定的、冗杂的语句，清晰、缓慢的评述更易被理解，也更具说服力。

注意时机。陈述再坚定，一旦有犹豫，就会削弱话语的有效性。越勤于练习如何变得坚定，越有勇气反驳他人，而不是等待和思考该说什么。变得坚定，多晚都不算迟。你会发现就算最佳时期已过，任何时候找对方表达情绪都是值得的。

认可对方，虚心讨教。可以先问问对方来自哪里，然后向他讨教解决问题的建议。为什么不以善解人意的方式开启对话呢？消极型的人过多同情别人却极少同情自己，容易被别人的观点和说辞带偏。释放掉一些压力，清楚你的需求和期望，才能更好地倾听他人观点，也给了对方同你一起解决问题的机会。正面例子："谢谢你听我说。现在我想了解你对当前问题的看法，以及该如何处理。"

如何应对蓄意破坏

别人不会因为你变得积极自信就立马接受你的改变。你变得直接起来之后,很可能会遭受其他人的反感和排斥。毕竟他们已习惯了之前那个你。他们需要时间适应这个不再沉默、不再退让的新的你。

有人会试图通过阻碍手段破坏你的努力,以此避免和你正面冲突,也不用承认自己的行为惹恼了你。那些阻碍手段包括:

·一笑置之——对方以玩笑回应你的质问,对问题轻描淡写,一笔带过。

·忽视——对方完全无视你的话。

·否认——对方告诉你:"不,我没有那么做。"或者装作根本听不懂你在讲什么。

·贬低——对方设法贬低你的话的重要性:"真搞不懂你为什么反应这么强烈。"

·争论——对方想通过争论来否定你发脾气的合理性或问题的重要性:"你不应该这样想。"

·负罪——对方哭泣着,弄得好像你有多么尖酸刻薄似的:"你怎能说出那样的话来?"

·冷落——用"那又怎样呢"或"之后再谈"等搪塞你的质问。

- 质问——对方提出一连串问题回应你，如"你怎么能这样想呢？"或"你为什么之前不告诉我？"。
- 颠倒——对方转而责备你，仿佛你才是问题所在。
- 报复——对方攻击你。
- 威胁——"既然你不愿意，我找愿意做的人。"或"再这样喋喋不休，我们的关系就此结束。"

以下技巧可以有效应对对方的阻碍手段。尽管大多数技巧适用于任何情况，但有些技巧对上述特定类型的策略是最佳选择。

- 重复——心平气和地重复陈述自己的观点。不要被无关问题分散注意力，不采取防御姿态，也不与人争论。可以说"是的，我知道，但我的意思是……"，这对于一笑置之、冷落和争论等手段格外有效。
- 重新对焦——转移注意力，仅就当前需要讨论的事发表评论："我们似乎又陷入了老话题。可以回到我提出的问题上来吗？"这对于质问、威胁和争论特别有效。
- 模糊措辞——表面上你做出让步，实则没有。赞同别人观点，但拒绝改变："这个想法好，我可能会更有耐心。"这对于颠倒和报复十分有效。
- 缓和气氛——推迟更深层次的讨论，直到对方冷静下来:"我知道你现在很难过,今天晚些时候再讨论吧。"之后你必须再讨论这个问题才行。这是应对报复最有效的方法。

· 及时制止——对挑衅性的言辞予以简单回应,迅速回到重点。抑制挑衅进一步发展,是处理威胁的最优选择。

妥善应对对方的阻碍可提升自信心,有利于处理棘手之事,从意志消沉和心烦意乱中走出来。但有一点,如果对方正对你进行精神虐待或拒绝做出改变,这些技巧就不一定奏效。倘若这正是你目前的状况,首先要给自己信心,不要默默地让自己被支配,被主宰,甘愿受迫害。越尝试让自己变得坚定,就会越自信,越有可能勇敢终止这段双方均不满意的关系。

给消极型愤怒模式的通用处方

简单的做法就是通过消极地回应和尽量避免冲突,抵制发怒的诱惑。

要认识到消极对待其实是在鼓励对方控制你甚至虐待你。

要认识到在一个家里,选择沉默——即允许伴侣在精神上、肉体上甚至性方面虐待孩子——其实是助纣为虐。

学会说"不"。独自一人时，大声说不；如果害怕对某个人大声说不，就在心底说。只要不断练习，相信自己有说不的权利，最终一定能自信地将自己的想法大声说出来。

时刻提醒自己，坚定自信与咄咄逼人截然不同。拒绝不合理的要求，表达自己的想法、感受和观点，和卑鄙、贪婪或虐待是两个完全不同的概念。

在低风险场合里练习如何变得坚定，磨炼自己的勇气。道理很简单：你更容易在熟人还是陌生人面前坚持自己的立场？在电话和书信中表达观点是否会比当面谈话更容易些呢？

不要骗自己，觉着只要不直接表达愤怒，其他人就意识不到，不会受你影响。

不要将生气和责备混为一谈。很多消极型愤怒模式的人认为生气是错误的，是无能或心智不成熟的表现。他们混淆了生气与责备的概念。如果方式适当，生气其实是一种自然而健康的情绪。相反，责备和抱怨则十分消极。二者的区别在于后者迫使你抓着问题不放，而前者则促使你解决问题。责备他人会使你永远停留在过去，但是以健康的方式把怒气释放在伤害你的人身上（比如写信），便可以跳出怨天尤人的怪圈，得以释怀。

给否认型的具体建议

为什么消极型愤怒会有此变种？我认为原因有三：（1）父母的言传身教；（2）对剥离感的恐惧；（3）害怕面对真相。

父母的言传身教

很多人从父母那里学到了这种否定的愤怒模式。萨里娜就是个例子。第一次见到她时，她的面部简直就是一张白纸，脸上几乎没有表情，眼神呆滞，皮肤毫无光泽——总之外表昏暗异常。肢体动作也僵硬得像机器人。

萨里娜来找我是因为她已年逾四十，仍未结婚，迫切渴望有个孩子。她说："我选择的好像都是一些不怎么合适的人，要不就是已婚，或者同性恋，要么就是他们根本不值得托付。我担心自己永远不会有自己的家庭了。我想搞清楚究竟哪里出了问题。"

了解她的家庭情况后，有些问题已逐渐明晰。她从未从父母那儿得到足够的关心和爱护。更不幸的是，即便她努力尝试从父母那里获取不曾得到的爱，她仍然不断地选择和父母很像的伴侣——冷漠、无动于衷、无法亲近。在意识到这一点后，她开始努力改变自己——拒绝过去中意的类型，同时逐渐接受那些起初可能没那么吸引她却非常合适、值得托付的男人。

还有一件事需要萨里娜与父母一起完成——对从未爱过她的父母倾泻愤怒。即便萨里娜意识到应该对父母生气，她也做不到。因为萨里娜在成长过程中从来就没有生气的权利，也从未看到过父母生气。"我父母从没对任何事情发自内心地激动过，他们是非常紧张的人。可能这就是我很难生气的原因吧，没有这方面的榜样。"

现实生活中很多父母从未给子女示范过该如何生气——萨里娜家就是一个典型例子。父母的言传身教告诉她"生气是不对的。要忍住"。他们不仅压抑愤怒，其他情绪也不会外露。他们不会表现出悲伤，即便祖父去世，家里也没人伤心落泪。

萨里娜终于意识到自己与内心出现了情绪上的隔绝。她开始试着感受内心的情绪变化，包括愤怒。刚开始时并不容易，毕竟她已经习惯了压抑。在我的鼓励和引导下，她逐渐能够表达愤怒和不满了。

对剥离感的恐惧

人们有时拒绝承认自己在发怒，否则剥离感会随之而来。怒气使人们产生距离，逐渐疏远。拒绝承认愤怒的人大多深陷于对某人——父母、配偶或子女的依恋中。沉迷于对某个人的眷恋是不健康的，意味着过度的牵连、自我的丧失、在情感上无法脱离他人。很多小孩不敢表露或承认对父母的怨气，因为他们不愿感受到与父母之间的剥离。这是正常且健康的表现。但随着个体不断成熟,我们想要感受和父母的分离并培养个体化的自我意识。这也解释了为什么青少年常对父母发火。这是个体化进程的一部分。

不幸的是,有些青少年并没有经历这一正常的成长阶段。他们依然过度依赖父母,并因为害怕远离父母而拒绝承认或表现出对父母的愤怒。讽刺的是,那些被父母忽视甚至虐待的儿童往往更难对父母发火或远离。他们固执地希望得到童年没能得到的东西,只要还抱有这种希望,他们就没有对父母愤怒的本钱。

当一个人对同伴过于沉迷时也会发生同样的现象。如果一个饱受欺凌的妻子承认对虐待成性的丈夫满怀愤怒,她就必须要面对自己会离开丈夫这一事实。不论她是否在情感或经济上完全依赖于他或二者兼有,她都不敢让自己愤怒。如果一个过于依赖妻子的男人在被戴绿帽后表达自己的愤怒,他就必须面对妻子并不爱他这一事实。如果他当面质问妻子,就会发现妻子对他的真实感受,而她或许正需要一个理由离开他。所以与其假装不知道妻子出轨,不如假装自己不生气。

想要感知愤怒,就要做好与对方疏远的心理准备。愤怒会拉远你们之间的距离。如果你不想与对方拉开距离,那就没有生气的本钱。所以,体会并表达愤怒是让自己从不健康的处境或关系中解脱的第一步。你要让自己从对他人的过度依赖中解放出来,要意识到你是一个独立的个体,作为独立的个体你能够生活下去。

害怕面对真相

拒绝承认自己怒火的人压抑或忘记了很多童年往事，因为他们不想面对。没有得到释放的被压抑的情感会影响你的生活。你须以某种方式表达愤怒，使自己从过往中解脱，更加坚定地活在当下。多种方式可倾吐愤怒和痛苦，以下是一些建议：

·在日记中写下自己的愤怒、恐惧、痛苦和耻辱。用白纸黑字表达情感是一种很好的宣泄，能防止负面情绪继续在心里滋长。

·给曾伤害过你的人写一封信。不要有所保留，想写什么写什么，包括那些最狠毒的念头。写信的目的是把自己从否认中解脱出来，直面过去发生在自己身上的事情的真相以及内心的感受，最终给过去画一个句号。最好不要把信寄出去。可以留着，也可以撕碎，烧掉，作为一种形象化的了结。

·想象曾伤害过你的人就站在面前。挨个告诉对方他们曾怎样伤害了你，你现在对他们又持怎样的想法。

不再否认

很难让一个否认型的人承认自己在生气。即便我明确告诉你，虽然表面上你极力否认，但你确实是在生气；即便我告诉你考虑到你的遭遇，生气是完全正常的；即便你终于相信自己有权利生气——但要你认识到自己在发怒，仍有困难。

我的客户罗琳是一位典型的习惯了否认的人，难以体会自己的愤怒。童年时期她被父母严重地忽视，但她坚称自己并没有对父母生气。她甚至为父母忽视自己找借口，说他们是忙于工作挣钱，或说妈妈本身有情感障碍。

罗琳来找我是因为她总对一些根本不喜欢她的男人产生感情。在治疗期间，我让她意识到了她与这些男性间的关系和她与父母间关系的联系。尽管她意识到了眼下问题的起因，却依然无法对父母产生任何愤怒的感觉。

罗琳的父亲已过世，但她依然和母亲十分亲密。父亲死后，她填补了因父亲在情感上和生活中留下的空缺。由于渴望拥有一直向往的母女关系，罗琳反倒成了安慰母亲的人，甚至在一定程度上成了她的"家长"。罗琳搬到了离母亲更近的地方，变成了她的随从和管家。她享受和母亲亲近的感觉，尽管有时她也会抱怨自己的生活难以维持。

罗琳的母亲变得更加严苛。她一天到晚打电话，要求罗琳立刻放下手上的事去满足她的要求。罗琳经常被母亲搞得筋疲力尽，服务生的工作也开始力不从心。母亲甚至在半夜打电话，让罗琳立即去买药给她。工作上，不断有顾客投诉她不耐心，老板也因为她不断增长的消极态度警告过她两次。我告诉罗琳，她可能把在母亲那儿的沮丧感发泄到了顾客身上，她却说不可能。我建议她告诉母亲不要再半夜打电话了，但她拒绝了。她说如果因为自己没有半夜买药而让母亲出事，会痛苦一辈子。

几个月后，罗琳的愤怒终于爆发了。母亲再一次在半夜给她打电话，说自己头疼，必须要吃阿司匹林。罗琳立刻去药店买了阿司匹林。但当她去厨房接水时，发现橱柜上就放着一瓶阿司匹林。当罗琳告诉妈妈家里还有阿司匹林时，妈妈若无其事地说："给你打电话比自己起床去厨房简单多了。"罗琳试着给母亲解释自己很累，早上还要工作，希望下一次能自己查看一下。母亲却说："别跟我耍小聪明，小丫头。你小时候我天天上班养你，你欠我的。"这句话成了压垮骆驼的最后一根稻草。罗琳冲着母亲尖叫道："你为什么这么自私？！从来就没关心过我的感受，永远只关心自己要什么！"

罗琳对自己的愤怒程度感到惊讶，她说："我对她的所有愤怒在那一刻都倾泻出来了，超过自己的想象。"罗琳直面自己的愤怒后才相信这种愤怒是真实存在的。

揭露自己的愤怒就像挖金矿，需要付出很大的努力并保持恒心，因为经常挖了很深却什么都没有。一旦找到了自己被压抑的愤怒，它会像宝藏一样带你走上一条治愈之路。愤怒可以带给你力量、动力和决心，去解决童年未竟之事，开始新的生活。它会带给你直面生命中那些不健康的人或事的勇气，还能让你有力量追求那些你本不敢想象的目标。

给否认型的处方

要知道你看上去可能比自己意识到的更生气。问问周围的朋友和爱人，他们有没有体会过你的怒气。如果有，请他们说说你生气时的样子，以及在什么情况下见过你生气。

我们常常把愤怒和不耐烦、沮丧、失望、挫败感等情绪混淆。下一次你以为自己是沮丧或失望时，想想会不会是在生气。

尽管你可能无法向亲密的人表达愤怒，但却可能把怒气发泄在无辜的人身上。留心自己是否开始对谁变得没耐心，或和谁在一起时总感到沮丧。你是不是在这些人身边可以无所顾忌地发怒，尽管你不承认那就是愤怒。

注意体内积压的怒火。身体不会撒谎，它会储存那些你不想发泄的情绪，而这些情绪往往会转化成为生理上的病症。由积压的怒火造成的常见的症状有磨牙、肩膀和手臂的僵硬感、握紧的拳头、头痛、脖颈僵硬、腹部的紧张感。留意怒气在身体上表现出的症状，通过锻炼或其他技巧来缓解它们，例如把枕头蒙在脸上然后大吼大叫、踩易拉罐、拿拳头捶枕头。被积压的怨气可能随着身体的活动而显现。

给逃避型的具体建议

与否认型的人不同，逃避型是有意识地压制怒气。原因可能是害怕发起火来会损坏财物甚至伤害他人。抑或是喜欢批判那些发泄怒气的人，要求自己应当与那种人举止不同。在他们看来，公开表达怒气就等于告诉别人自己的软弱，没有自控力，甚至没有进化好。

霍莉向我咨询时说道："有时生气时会戛然而止，就像一下按下开关。我会开始想他们为什么会变成现在这个样子，他们的童年是什么样，或是他们在生活中要面对什么问题，然后我会突然对他们感到同情。"尽管听上去像一个十分高端的应对怒气的方法，对霍莉来说效果却并不好。你能感受到她所流露出的无声的敌意。她不断地把两条腿踢来踢去，不断做出表示否定的表情和姿势。当我注意到她的这些姿势并询问她的感受时，她总是说她并没有生气。"人们总是会在我不生气的时候认为我在生气，"她解释道，"可能我天生就是这种表情吧。"

霍莉在成长过程中总是被教育要先人后己。比如她曾在回家后向妈妈抱怨在学校被欺负，结果妈妈不但不安慰，反而说："你为什么要惹那个孩子生气？其他人不会无缘无故地打你的。"霍莉说自己什么都没做，妈妈并不相信，还说："所有人的行为都是有原因的，如果你能设身处地地为对方想想，你就会明白，永远都不会生气。"霍莉的母亲想让女儿学会同情他人，但方法却太过复杂，对霍莉的情绪很不利。以至于霍莉根本不知道自己感受到的情绪是什么。

逃避自己怒气的人不想表达自己的愤怒，也不想面对他人的愤怒。有些人对他人的愤怒感到害怕，有些人根本不理会其他人，还有一些人一旦靠近生气的人就会感到很不自在，因为潜意识中这让他们想起了自己被压抑的怒气。我的客户琼告诉我："我在生气的人身边会很不舒服，因为你不知道他们会说什么做什么。我尽可能地远离他们。"琼不知道，其原因是生气的人会触碰到她心底非常愤怒的一部分，也是她尽力隐藏的一部分。

习惯逃避的人会为忽视自己的愤怒付出惨痛的代价。他们会被他人认为软弱，因为他们失去了为自己挺身而出的能力。我在《保留自我的爱：成为你自己，不再被忽视》一书中写到很多女性抱怨伴侣听不到自己的声音，甚至看不到自己的存在。这些女性感觉伴侣忽视了她们的感觉和需求。当她们鼓起勇气表达自己的观点或和伴侣争论，也总是被忽视，被否定。丹妮斯告诉我："在婚姻的早期我就学会了，跟丈夫生气或是反对他根本就不值，只会让我俩对对方都更加生气。他会喋喋不休大吵大闹几个小时而我会感到自己十分渺小。所以现在不管他说什么干什么我都同意。"不幸的是，在丈夫眼中丹妮斯变得越来越隐形。尽管无法跟丈夫交流自己的感觉,但放弃尝试使她进一步牺牲了自我,而不断地保持沉默让丈夫认为可以继续这样对待丹妮斯。

有些女性不会放弃表达自己的不满,只是换了一种更消极的方法。女性最常见的抱怨方式是哭闹,但哭闹会使别人把她们当成受害者、乞怜者,甚至失败者,并因此失去对她们的尊重。

许多女性因为没有在适当的时候表达愤怒而损害了自尊心。她们因为忍受了不合理的行为而对自己感到愤怒和羞愧。忍受的越多,对自己感觉就越糟。她们会逐渐相信自己没有抱怨的权利。她们会责怪自己小题大做,对伴侣变得太过依赖,完全不敢惹对方生气,害怕自己被抛弃。

愤怒是重要的动力来源,能带来很强的力量。那些不敢面对自己的怒火的人失去了这一力量来源,经常感到无助与无力。他们允许其他人随意欺负自己并对自己的生活指手画脚。

许多逃避者长期忍受着难以忍受的折磨甚至虐待,直到爆发。珍妮就是这样。

"多年来我都不敢对丈夫和孩子生气,尽管他们对我十分刻薄。我一直忍受着他们,因为我不想变得和妈妈一样,不想变成一个疯子。但是有一天我突然控制不住了。我开始尖叫'我再也受不了了,你们都当我是仆人,我再也不会为你们做任何事',同时到处乱扔盘子,控诉他们把我的付出视为理所应当,发誓不会再给他们做饭。丈夫像看疯子一样看着我,孩子站在一旁，吓傻了。他们从没见过我那样。

"平静下来后我却感到非常愧疚。不敢相信自己做了什么。我终究还是变成了和母亲一样的人。我意识到需要处理一下自己的愤怒以免再发生这样的事。"

逃避型的人经常会出现身体上和情绪上的病症。很多人对改变现状感到无助和无望，把怒气锁闭在身体里，进而郁郁寡欢。很多逃避型的人都伴有不同程度的头痛、肌肉紧张、神经问题还有失眠。

逃避愤怒使人丧失情绪的同时在情感上变得封闭。我们无法简单地选择哪些情绪想要体验哪些情绪不需要体验。压制愤怒或痛苦，将会同时压制自己体会快乐的能力。

给逃避型的处方

注意自己面对怒气时是否总会变得盲目，不听劝或沉默不语。

要知道愤怒不是敌人，而是生活的一部分。生气不是消极的。如果利用怒气积极地改变活法，照顾自己及心爱的人，生气也可以非常正面。想几位积极正面地利用怒气的人，用这些人替代那些在你成长过程中带给你负面消极形象的人。

不要忽视自己或他人的怒气，留心愤怒传达的消息。本书开头部分曾说过愤怒是某处出了差错的信号。如果注意到了，往往能想出解决问题的方法。

看到逃避怒气付出的代价。逃避不但无法找到解决问题的办法，还会阻止你得到自己想要的东西，不管是告诉丈夫你再也不想每周末坐在家里，还是告诉老板你想要升职。失去怒气就是失去了自己的声音、动力以及争取自己应得权益的勇气。

通过让别人知道你的需求和痛苦来变得更加坚定自信，这一点需要练习。不要抱怨或掩饰愤怒，要在刚开始感到不满的时候就尽可能表现出来。确保你的需求被别人清楚地了解。避免指名道姓，避免使用第二人称或"总是""从不"之类的表述，比如"你再也不带我出去玩了""你总是取笑我"。多使用第一人称陈述句，例如"如果能每个月出去一次我会很高兴的""我不喜欢你总是取笑我"。

与人当面对质，指责其行为，不要退缩。如果屈服，下次他再这样做，说什么都没用了。那个人只会认为你在虚张声势，不拿你当回事儿。表明自己的意见并坚守立场。不要退缩，不要因为发起谈话而道歉。没有必要去争论已经说过的话。如果对方为自己辩护，要仔细倾听，并说一些类似于"我理解咱们之间有分歧，你也有权利表达自己的观点。但我希望你能仔细考虑一下我说的"之类的话。

要做到前后一致并阐明利害。例如，不要不断抱怨伴侣酗酒，说不定某一天你会和他一起喝醉。不要拿分手或离婚威胁，除非能说到做到，否则只会让自己的话失去分量，丢掉立场。

给暴饮暴食型的具体建议

很多人会通过暴饮暴食、吸烟、酗酒，甚至吸毒等方法压制愤怒。抑制愤怒和各种成瘾行为之间有很强的关联。比如，很多人在面对令人易怒的场景时会把吸烟当作一种平静内心并压制怒火的方法。相比于其他人，这种人对传统的戒烟方法有更强的抵抗性。蒙大拿大学进行的一项研究表明，61%用吸烟来控制怒气的人会提前退出戒烟治疗或在治疗结束后复吸。与此形成鲜明对比的是，普通吸烟者中只有5%会复吸。

吸烟还是一个否认自己属于易怒人群的办法。客户艾米丽说："我每次尝试戒烟都会变得易怒。但一开始抽烟就很少生气了。"研究表明，吸烟者会把尼古丁当作一种压制愤怒和焦虑情绪的药物。摄入的尼古丁越多，被挑衅时反应激烈的可能性就越小。很多烟民在戒烟后体会到的越发易怒的感觉会在时间上大幅超出脱瘾阶段。在一项包括150位法国曾吸烟者的研究中，94%已戒烟一年的人依旧比吸烟时更易怒。

强烈的愤怒感常使已戒烟的人复吸。在一项全国性调查中，"生气"是引起复吸的第二大原因，占26%；焦虑排第一，占42%；抑郁以22%位居第三。

愤怒和不健康饮食习惯

研究表明，女性尤其容易把吃东西当作一种逃避情绪的方法。不少女性认为过量饮食是一种重获控制感和力量的方法，也是一个更易被接受的减轻愤怒的方法。

我询问过很多把食物当挡箭牌的客户。客户帕米拉最近刚减了不少体重。她曾说自己突然感到十分愤怒。"我非常惊讶，没想到之前在体重之下隐藏着这么多愤怒感。"一开始，帕米拉被自己的怒气吓了一跳。由于和她平日里的性格相差甚远，其他人也很吃惊。我鼓励她接受自己的愤怒，要对能自由地表达愤怒感到积极。她说："我没什么选择了，不管愿不愿意这些怒气现在都要发泄出来。"

有好几个月的时间，帕米拉会因为各种事情感到愤怒——被开了一张她认为不合理的停车罚单；费了很大劲买到音乐会的票，朋友却不去了；丈夫批评自己的穿着；等等。"为了这些小事而如此生气很不像我，我一向是很随和的。"但事实并非如此。听完帕米拉的话，我很清楚地看出她一直都是为了让别人认为自己随和而掩盖了自己的愤怒。在探讨了这些让她生气的事情后她发现：（1）她对那张停车罚单是真的感到生气，于是她决定去申诉，放以前绝对不会这样做；（2）她受够了朋友的爽约，尽管不会再追究这种过分的行为，她发誓再也不会帮朋友预订任何东西；（3）丈夫总批评她，她向来默默忍受，她意识到自己需要和丈夫当面对质，让他知道这种行为不能再继续了。

当然，帕米拉的愤怒的真正源头并非是不懂为权益抗争或不让别人意识到各自过分的行为。真正的原因是帕米拉的童年。帕米拉小时候曾被性侵，当时无法表达自己的愤怒。主要是因为她害怕凶手。被性侵后她开始暴饮暴食，在很短的时间内长胖了很多。暴饮暴食不过是为了抑制无法表达的愤怒。过去几个月在我的办公室或她的卧室等安全环境中，帕米拉终于感受到了被自己压抑多年的愤怒。

很多研究均提到了不健康饮食和身体或性侵之间的关系。女性将吃东西视为否认侵害、压抑感情的方式。例如，苔丝曾报道过肥胖和患贪食症的女性群体中普遍存在强烈的愤怒感和较低的自尊心，心底的怒气直指自己和施暴者，同时还会投射到其他人身上。

发现愤怒之下的其他情绪

苏珊是前来咨询的人之一。她已稳定地减重一个月了。但她有些担心，因为马上要和母亲去度假。她说："我在我妈身边时总是吃很多。"我问她为什么，她说妈妈总是让她非常生气。我又问她妈妈做了什么惹她生气，她说并没有什么具体的事，只是和妈妈在一起就会生气。

我知道事情并没有这么简单。我怀疑苏珊对母亲的怒气由来已久，多年来压抑在心底不敢表达的怒气无从发泄。苏珊小时候，妈妈对她非常不上心，很少花时间陪她，也从不教她如何生活或做人。如今每当妈妈给她提建议，苏珊都会非常生气。她说:"我生气是因为我会对自己说:'你现在还有脸给我提建议?我已经长大了。当初需要你的时候你在哪儿?'"

说到这里,苏珊哭了。这对她而言已是巨大的突破,她已多年未曾掉泪。她从不让自己在咨询过程中哭。安静地哭了几分钟,她抬头对我说道:"不敢相信自己哭了。一想到童年失去的东西就会十分痛苦。太可悲了。"

我很高兴苏珊终于卸下了重负,允许自己体会那些自己逃避多年的痛苦。我告诉她要让自己感受到愤怒,只有这样才能感受到愤怒之下的其他感觉。苏珊依然有很多怒气需要发泄,还有很多令她伤心的事,但那天她在治疗中迈出了重要的一步。

苏珊担心体重会反弹,便咨询我和妈妈在一起时该怎么做。她说:"我不想她知道我对她有多生气,我知道她已经尽力了,现在也在尽力补偿。"我告诉苏珊并不需要让母亲介入自己的治疗,鼓励她回家后把对妈妈感到生气的原因都写下来。同时建议她感到生气的时候,让自己远离几分钟,拿出写有原因的单子,回忆自己到底为什么生气。如果怒火不消,就拿出一点时间写一写自己的感受或出门散步,然后再回去找妈妈谈。最后,我建议苏珊多给自己一点时间,去体会童年经历带来的悲伤。

苏珊度假回来告诉我她只暴饮暴食了一次。"每次感觉生气时,我就找个理由离开几分钟。照你建议的那样去读那张单子，绝大多数时候这真能让我平静下来。有一次我越看越生气，就告诉妈妈我需要休息一下，接着出门散步了很长时间。回来后感到平静了许多，不再生气了。"

如果你发现自己有通过过度饮食压抑愤怒的习惯，以下建议可能会帮到你：

· 尽管抽烟、喝酒、吃东西会在一定程度上减轻压力，但绝不是健康的减压方法。要想平静下来，得尝试一些更健康的方法，例如深呼吸、瑜伽、捶枕头、游泳、慢跑或按摩。更多方法请参见第五章。

· 在暴饮暴食或吃不健康的东西时，问问自己到底是愤怒还是痛苦或害怕。

· 规定自己得先写五分钟日记，写完才能随意吃喝。注意写下感受到的所有情绪。五分钟后，如果还是想吃东西，就去吃吧。

· 如果很清楚是某个特定的人或地点让你生气，就远离其几分钟，去散散步或找一个安静的角落，将注意力集中到自己的感觉上。如果确定是在对某个人生气而又无法表露出来，该方法十分有效。

· 如果觉得自己需要发泄怒火，就找个地方散步、打枕头，或把头埋进枕头里尖叫。

给自责型的具体建议

所有消极愤怒模式的人都易受自我责备的伤害。这是禁止自己生气和发怒所导致的自然结果。与具有消极愤怒模式的普通人相比，自责型更倾向于责怪自己。他们感受到的（以及内心暗自感觉到的）所有针对他人的怒火，最终都朝向了自身。雷蒙德就是个例子。他待人友善，招人喜欢，从没发过火，但却一直和自己过不去。只要犯了一丁点儿错，他就会大声对自己说"你真傻"。这种自我批评在脑海中愈演愈烈。雷蒙德需要学着停止消极的自我对话，进而用坚定、自信、有建设性的方式发泄愤怒。

消极的自我对话是一种坏习惯，可以通过一种叫作认知重塑的方式予以改正。通过巧妙地改变自我对话的方式，便可避免产生可能导致自我否定的负面情绪。以下三步可以尝试：

1. 当发现自己在进行消极的自我对话时，立即停止。
2. 问自己几个问题，做一个现实性调查，进而客观地分析现状。例如，当你发现自己一直关注于那些做错的事情时，问自己"我做对了什么？"；当你总对自己工作表现很不满意时，问自己"我在这中间学到了什么？"。
3. 将内心消极的暗示替换成更准确的信息。比如你可能会想"我真傻，从来都是词不达意，说话一直绕圈子，搞得大家都不耐烦"。打住！做一个现实性检查："我其实不傻，就是不敢说出脑子里想的东西罢了。"以此将感性认知替换掉，告诉自己："别人并不知道我没有说出心里话。他们或许并不是我想象中的那般不耐烦。"

消极的自我对话并非自责者将怒气导向自己的唯一方法。玛茜对男友非常生气。她本可以一拳打在男友脸上，而不是暴饮暴食、大吃大喝，以至于胃痛甚至呕吐（与帕米拉和苏珊胡吃海塞地将愤怒吞下肚的做法不同，催吐常被视为自我惩罚的举措）。瑞秋对母亲愤怒不已，但她不让母亲了解自己的真实感受，反而用剃须刀片一次次割腕。对女性来说，生气往往意味着不同形式的自残行为。研究表明，具有不健康饮食习惯、药物滥用行为、自残、自杀等行为的女性更易感受到无力感。

自残行为常常被模糊地理解为自杀倾向，其实质是一种对焦虑的反应，通过内心的痛苦来获取片刻的缓解与释放。自我伤害与童年时遭受的虐待有关，是受自身控制的无力的怒吼，并非施虐者强迫其为之。通过另一种形式的疼痛分散受虐部位的疼痛，从而麻痹身体。自我伤害的另一个动机是可以迅速减少虐待导致的紧张不安，最终提供一种麻痹阵痛的感觉。（赫尔曼询问过曾有自残行为的人并做了记录，他们说伤害自己是为了证明自己存在。因此，赫尔曼矛盾地将自残当作一种自我保护形式，而不是一种自杀尝试。)

自责的后果

为什么有些人相较其他人更易于责怪自己？我认为有三个原因：(1)害怕被拒绝或批评；(2)缺少恒常性；(3)童年时期有受虐经历。

自责型通常极其害怕伤害他人。他们宁愿对自己恶语相加，暴饮暴食进而致病，或伤害自己的肉体，也不愿承担可能会伤害其他人的感受或被拒绝的风险。宁愿仇视自己也不愿让别人看到自己的不悦。之前讲到的帕米拉就是很好的例子。很多自责型事实上已经拥有一定的自虐倾向，他们用本应他人吞下的愤怒的苦果一次又一次地惩罚自己。

在氛围和谐的家庭长大的孩子往往具备更好的客体恒常性，即孩子可以同时接受父母的好与不好。"妈妈有时很随和有时又有点刻薄。"随着客体恒常性的促进，孩子逐渐培养了独立意识，将自己与父母分离开。"当妈妈生气变得刻薄时，我不会受到任何影响。"孩子成年后，也不会因父母或他人的错误甚至虐待而责怪自己。反之，从小被虐待或被忽视的孩子很难具备客体恒常性，并且从未真正地独立。他们可能因父母或他人的过失，哪怕与自己无关，而不停地责备自己。若有人虐待他们，他们会惩罚自己，认为自己罪有应得。

贾斯汀曾遭受父亲的性虐待，但仍坚称并不怪父亲。她童年时曾试着将一切深埋心底，也奏效了一段时间。直到七年前她与丈夫遭遇性问题的苦恼，促使她决定接受治疗。然而，即便她逐渐回忆起父亲的虐待，并且将其与自己对某些特定性行为的排斥和厌恶联系起来，贾斯汀仍在试图忽略虐待的事实，同时将一切归咎于自己。"我母亲总是对我说我已经长大了，不能再像以前那样老是坐在父亲腿上。"当父亲问她是否想看他的生殖器时，她的回答是肯定的。贾斯汀认为这说明了是自己鼓励了父亲的行为。"当时肯定是我自己想要，不然我为什么不拒绝他或告诉母亲呢？我并没有那样做。"

性虐待的受害者们总是责怪自己。贾斯汀之所以这样做是因可以避免面对父亲利用她来满足私欲的事实。如果她停止责备自己，就必须直面这所谓的背叛。

那些被多人性虐待的人更易责备自己，他们认定是自己当时有性需求并希望这种行为不断发生。玛拉六岁时，一个女保姆曾抚摸她的阴道。八岁时，一个男人曾向玛拉暴露自己的裸体。玛拉十六岁时，在约会时遭到强奸。"我究竟怎么回事？"她曾在咨询时问我，"到底是什么让恶人总是选我下手？肯定是因为我做了什么才会吸引他们，鼓动了他们。"

尽管玛拉记得所有事情的经过，也不断质疑为什么遭受这一切的总是自己，却仍然没有将自己当作幼年性侵的受害者。"其实这些事并没真正伤害到我。我的意思是，还没有受到太严重的伤。十六岁被强奸时,我喝醉了。我已不记得当时的痛苦了。"在经历如此多伤害和虐待后,玛拉心中仍没有一丝愤恨。相反,她将怒火转向自身,也就是自责:"自己一定是做错了什么,或许是我纵欲过度还是其他什么原因吧。"

当我问玛拉为什么不愤怒时,她解释说:"当他赤身裸体时我真不应该出现在那儿,那晚也真不应该喝酒……"诸如此类。正因为玛拉无法对伤害自己的人承认和表达内心的愤恨,这种情绪逐渐转变为羞耻,最终导致她不断地自责。

给自责型的处方

发现自己开始自责或情绪低落时,问自己是否正在对某人生气。若是,找一个相对安全的方式发泄愤怒,避免怒火伤身。

当察觉到自己又在自责时,立即将脑海中消极的信息替换为积极的暗示。至少列举自己做得不错的三件事或找出自己的几个优点。

不要在意别人对你的负面评论。如果有人对你评头论足,告诉对方你不喜欢被人批评,然后原谅自己。任尔东西南北风,我自岿然不动。

成为他人攻击的受害者让人感到无助,进而产生羞耻感。为了免受无助感和羞耻感的侵袭,人们开始在自己身上找问题,力图证明自己并非他人攻击的受害者。不论你遭受的是心理、身体或性虐待，不论受虐时是否成年，你都有义务告诉自己，这不是你的错，你必须将这苦痛和怒火发泄给那个施暴者。

为了了解自责心理的真实成因，你首先应真正地了解自己。如果坚信自己毫无用处，你必须找到这种想法到底从何而来以及为什么会相信它——或许是因为你从来都不愿拒绝父母或其他养护人灌输的意识，确切地说，是因为你从来不愿对他们发火，不愿承认他们是错的。

第八章

从消极攻击型到坚定型

你说我生气了？我可没生气。

——保罗，24岁

泰德是消极攻击型愤怒模式的典型例子。他来找我是因为阳痿（那时万艾可还未问世）。他结婚二十多年，最近五年出现阳痿症状。他因这个问题责怪妻子。"她（安妮特）对什么事总是吹毛求疵，控制欲极强，总感觉无法亲近她。"然而，泰德找我并非为了妻子，而是因为情人。

泰德已经与另一位妙龄女子坠入情网。起初他们同房没有任何问题。但一个月过后，他无法维持正常勃起。泰德说："我真的非常喜欢她。不明白问题出在哪儿。如果这个问题不尽快解决，我怕她离我而去。"

仅仅接触了一小段时间，我就发现泰德的问题来源于持续压抑自己的情绪及对待愤怒被动消极的方式。他非常喜欢和情人在一起，但他坦言同时应付两段感情实在太难了。

"我时常感觉精疲力竭，每周需要骗妻子好几次自己要加班，这样才能去见萨曼莎（泰德的情人）。之后又得急匆匆回家去陪老婆孩子。妻子总是抱怨我在家的时间太少，但没用，我每周末都要绞尽脑汁找借口去见情人或至少给她打个电话。而她也常感到孤独和痛苦。"

"这就好像你把问题放大到了双倍。你的生活里同时要面对两个不开心的女人。"我说道。

"不，不。萨曼莎没有老婆那样尖酸刻薄。她不过是非常想我，我也一样。真希望能一直和她待在一块儿。"泰德反驳道。

"那为什么不直接离婚选择和她在一起呢？"我问。

泰德回答说："这样的话经济上压力太大了。如果离婚我得付对方离婚生活费，还要供孩子上学。可萨曼莎不怎么赚钱，我还得供她的开支用度。我真的做不到，这意味着人生的失败。妻子常常鼓励我，说我前途光明，我知道她说的是对的。我想摆脱现状去做些冒险的事情，但考虑到妻子和孩子的生活，就不得不继续做眼前平庸乏味的工作。"

"有没有想过自己是因为这一点转而怨恨家人呢？"我谨慎地问了一句。

"想过，有可能。要是没有他们，我或许就会继续把音乐当作事业。不过你也知道，音乐人很难有稳定的收入。"

"所以现在你觉得自己对萨曼莎也有义务了对吧。"

他承认:"是的,她除了我几乎一无所有。我常常因为不能多点时间陪她感到自责。我也尝试去弥补,买点小礼物或者带她去高档餐厅等。"

"你有经济能力给她这些补偿吗?"

"很难,但这或许能让她好受点吧。但现在因为她,生活糟糕起来。"

"怎么讲?"

"每次周末给她打电话,她就哭个不停,说她有多想我。之后就给我施压,要我离婚。"

"你什么感受?"

"一开始还是很愧疚,之后开始怨恨她。毕竟当初她是知道我结婚了的,她应该明白状况。"

泰德没有坦然地直接面对情人解决问题,而是选择逐渐从萨曼莎的生活中退出来,包括感情和性。这与他对妻子的做法一样。现在,他为自己的烦恼和失败又找到了一个人去责怪。

如果你像泰德一样属于消极攻击型愤怒模式,你会感觉是别人而不是你自己在控制你的生活。或许你会为避免一时的冲突而选择另一种生活,最终只会制造更多矛盾。随着时间的推移,你会对那些你认为在控制、支配你的人产生恨意。你对逢场作戏感到身心俱疲,有时会不自觉地通过一次又一次主动的失败去赶走给你带来压力的人。

这一章节提供了很多方法,将消极攻击型愤怒模式转变为更有效、更健康的模式。主要包括以下几个步骤：

1. 承认你生气了。
2. 直面问题。
3. 发现消极攻击型模式的根源。
4. 接受自己的愤怒。
5. 学会坚定内心、直接表达愤懑。
6. 意识到爆发点在哪儿。
7. 不再把挫败他人作为目的。

第一步：承认你生气了

改变的第一步就是承认自己的愤怒。诚然，你的愤怒可能并非以传统方式表现出来。但终究你还是生气了。不过不是直接表现出来的，而是秘密地、诡诈地泄愤罢了。当你忘记做某事，或者意外泄露某事，或装聋作哑故意不做某事时，可能就是在表达愤怒。承认这一点至关重要。消极攻击型的愤怒表达形式还包括长期迟到、噘嘴、生闷气、抱怨、操纵、背后中伤、说三道四等。

正如你会因为别人试图控制或摆布你而生气一样，你同样会因为没有勇气维护自己而生自己的气。每次你假装接受别人的意见，每次你仅仅为了安抚某人而去做某事，你都生气了——既是对别人生气，也因自己的懦弱而生自己的气。

第二步：直面问题

你需要认识到自己由于被控制产生了怒火和愤懑。直面这个怒火吧。你只是不喜欢有人告诉你该做什么不该做什么，不喜欢有人指手画脚，说这说那。你想用自己的方式、按自己的时间安排做事，你想要独立。不幸的是，你不会大声说出或直接表达出这些需求。你没能维护自己，没能说不。

回到本章开头举的例子。尽管泰德感到被妻子、情人和境遇所累，但实际上他才是那个在自我控制方面有很大问题的人。在与我谈论一段时间后，他意识到因为孩子出生后妻子建议他找一个稳定的工作，他深深怨恨妻子。他同时意识到，妻子并没有强求他，他也没有坚持让妻子知道音乐对他有多么重要。相反，因为妻子提出的建议他无法争辩，他就怨恨，给她贴上"控制欲强"的标签。他按照妻子的建议去做了，随之把自己的不幸归咎于妻子。

他对情人做出了几乎同样的反应。在情人提出要他离婚前，一切都很好。一旦对方对他提要求，他就再一次经历了这种被命令、被控制的感觉。同样，泰德没有将感受告诉她。相反，他通过性生活的无力来惩罚她，就像他惩罚妻子那样。

除了认识到控制欲，你也需要意识到自己想要报复、惹怒、打败那些你认为控制欲强、有影响力的人。要想成功转变愤怒模式,你这次不能再故意失败。泰德通过阳痿来报复妻子和情人。当感到别人试图控制你时,你会做什么?有些人为了惩罚别人实施的控制行为,什么都干得出来,想想令人愕然。曾经有客户因为父母要求他选择某个职业而故意在重大考试不及格;也有女性客户,因为伴侣施加的减肥压力而增重;还有男性客户因为老板控制欲强,而刻意不使自己在工作上取得成功。

▷▷▶小练习:你到了什么程度?

1. 列出你因为被控制而惩罚别人的方式。
2. 写下你为确保他人无法控制你而刻意干扰自己生活的方式。

第三步:发现消极攻击型模式的根源

既然已经知道自己发怒且意识到自己有控制力的问题,那么认识到选择该愤怒模式的原因就很重要。很多消极攻击型个体在成长过程中从父母或其他监护人那里得到的信息相当矛盾和混杂。比如,可能因为一次在宾客面前滔滔不绝、发"人来疯"受到表扬,另一次相同的行为却挨批评。生活在这种家庭中的孩子变得不愿做任何事,不愿冒险,因为无法确定什么时候会犯错,惹怒父母。

有客户告诉我,他妈妈曾问他是否会因为妈妈做过不守承诺等让他不开心的事而生妈妈的气。他不敢讲实话。但在妈妈向他保证讲实话没事后,他承认会生气。妈妈反手就是一巴掌,"你怎敢生我的气!我是你妈。不可以生妈妈的气。"

有些人呈现出消极攻击型模式是因为小时候曾因生气或侵略行为,受到大人的支配、批评、惩罚。这使得他们认为,为他人挺身而出既不安全又不被认同,对于受到情感、身体或性虐待的孩子这一现象尤为明显。

还有的人是因为成年后遭受了虐待。前面提到过,很多被异性虐待的女性(或男性)会表现出消极攻击型愤怒模式。如果伴侣总是贬低、批评、责备你,或经常暴怒、有不切实际的期望,则表明你遭受了情感虐待。如果遭到伴侣的推、挤、捆、打、拳击,则是遭受了身体虐待。

面对一位虐待成性的伴侣,你会觉得直接表达愤怒太过危险。所以你学会了用诡诈而秘密的方式加以报复,比如从他钱包里偷钱、在他喝醉时粗暴地把他弄上床、在睡觉时故意不小心打到他,或先睡着从而逃避与他亲近等。

第四步:接受自己的愤怒

知道了自己的愤怒后,你希望明白为什么直接表达愤怒对你来说这么难。现在,你需要努力接受自己的愤怒。你必须尊重自己的愤怒情绪和表达生气的权利,才能摆脱消极攻击型愤怒模式。日常提醒自己，生气是生活中正常、健康的一部分，愤怒是一个信使，提醒我们生活出了问题，亟待解决或改变。

愤怒可以帮助你最终掌握自己的生活。它可以帮助你不再浪费时间去假装、拖延、为没有完成一开始就不想做的事情找借口。如果你不想做什么，就说出来。其他人可能会生气，但是很可能他已经因为你的捣鬼、拖延、假装而生气了。

第五步：学会坚定内心、直接表达愤懑

虽然果断维护自我的主意无疑会吓到你，但这是改变不健康愤怒模式的关键。你要告诉别人你的真正想法，而不应仅仅为了维持和睦而假装同意或遵从；要直接告诉对方这事你不想做，而不应承诺去做并不打算做的事；要告诉别人你的真实感受，而不应在背后唉声叹气、说三道四、打击报复。如此做当然会容易遇到冲突、分歧，甚至失去支持——这也正是你不愿意放开手脚做出改变的原因。但是，你越直接表达和维护自己，越能发现自己的强大，能够应对冲突甚至攻击。

消极攻击型的人嘴边常念叨："你会从我没做的事情中感受到我的愤怒。"这种说法根本站不住脚。通过这个借口，你可以不承认生气，为自己开脱。当别人因你感到愤怒和失望的时候，你似乎毫无责任。实际上你才是那个最具攻击性的人。

你需要坦荡地承认自己的愤怒。当你无辜地说"我不明白你们为什么朝我发火，我什么都没做"时，反思一下自己的所作所为。例如，是不是说了要给车换机油却食言了？是不是忘了收拾屋子好让父母过来之后有地方住？是不是忘记到小商店买牛奶回家？

你从来不直接攻击他人——别人也从来不怪你有攻击性。但这并不意味着你心中没有亟待发泄的满腔怒火。阿伦·阿尔达在经典影片《四季》里饰演一位具有消极攻击型愤怒模式的中年男性，以从不生气为荣。在旁人眼中，他是冷静、理性、随和的代名词。他表达愤怒的方式就是不断提出尖锐的问题，含沙射影，使得妻子和朋友苦恼不已。片中由卡洛尔·伯纳特饰演的妻子反复追问他："你为什么从来不生气？你知不知道一个始终理智随和、温文尔雅的人在旁边会让其他人有多厌烦和恼怒吗？显得我们好像都是野蛮人，只有你才是绅士。"

阿尔达惊诧地望着妻子。妻子很明显想激怒他吵一架，他却淡定地对妻子说："我现在很生气。"

"你开玩笑吧，你现在这样就是非常生气了？"

"是的，无比愤怒。"他依旧镇定地说道。

在电影中，这个情节展现出来的对比令人捧腹。然而事实上，这其中隐含的问题并不好笑，值得深思。每个人都需要以直接的方式发泄心中的不满，而暗通款曲、讽刺挖苦和阴阳怪气只会毁掉你的人际关系。

第六步：意识到爆发点在哪儿

被动攻击型倾向于对某些特定的人和事预先做出反应。常见的诱因包括：某个你的表现将被评价（或你以为会被评价）的场合；权威人士，权势之人；被告知应该做什么，不应该做什么；因为没做某事而受到威胁。

认真回忆让你生气的真正诱因——那些阻挠你、让你愤怒的人和事。或许是配偶激怒了你，抑或是别人命你照他的方式完成某事。不管是什么，认清潜在诱因就能及时阻止你滑向消极抵抗的深渊，转而直截了当地表达自我。

▷▷▶小任务：认清让你愤怒的原因。列举所有诱因，慢慢来。有些诱因不难察觉，有些可能不那么容易辨别。

第七步：不再把挫败他人作为目的

布莱恩对妻子丹妮斯十分不满。如今丹妮斯又开始了新一轮的家庭装修，这次是改造厨房。当然，布莱恩要负责大多数的工作。但他没告诉妻子不愿改造厨房，他已经厌倦了每周末在家劳作。可他不得不顺着妻子的想法。布莱恩不想吵架，反正不管怎样丹妮斯都会赢。于是他精心策划了一个阻止装修的计划。他要把装修变成丹妮斯的噩梦，自己就再也不用被迫在家搞装修那一摊子事儿了。

计划的关键在于不慌不忙地做，把装修进程拖慢，慢到让丹妮斯发疯。他不是忘记订就是订错了装修材料，将所有的东西都错误安装。如此这般足够把装修拖得让丹妮斯失去耐心。

"你什么时候能安装新的橱柜？"一个星期六，她逮到正在休息的布莱恩问道。

"咦，我没告诉你吗？他们送错了货。"布莱恩说。

"那我们订的什么时候才能到？"丹妮斯追问。

"不清楚。"布莱恩含糊地说。

"新的台面板呢？你不打算安装吗？"

"你不知道吗？我之前量错了尺寸，现在不得不重新预订材料。"布莱恩回答。

丹妮斯开始后悔当初想要重装厨房的决定了。她热衷烹饪，讨厌把钱花在外卖上。几周过去，她越来越焦虑不安，灰心失望。她埋怨丈夫："装修方面，你只适合当一个木匠。你看看你，因为你的那些失误花了多少冤枉钱。现在得请个专业点的才行。"

"太好了！"布莱恩心中窃喜，"她总算明白我的意思了。以后就不管我了吧。"他最想要的结果就是丹妮斯对他失望。他满意地笑了，对着正午的太阳，闭上眼睛，惬意地享受这份满足感。

老实说，毫无疑问，你也会像布莱恩一样通过挫败别人获得极大的愉悦感。让别人心烦意乱，甚至激怒他们，让人在不知不觉中变得暴跳如雷，这些就是你所认为的有力对策。对那些指手画脚的人都可以这样做。

在渐渐变果断之后，你会感受到有股力量随着维护自己的利益而油然而生。你将不再依赖以卑鄙手段去寻求权利。越清楚自己想做什么不想做什么，就越不需要用卑微幼稚的手段去反抗。对自己克制越多，对别人的控制就越少。

对于大多数人来说，眼见自己所谓的消极攻击型伎俩把别人整得沮丧失败，会很享受这种幸灾乐祸的感觉。就算这种做法有失公平，但是胜利的喜悦毕竟诱人。然而你不得不一直生活在困扰、消极和欺瞒之中，不得不因从不说出自己的真实需求而让心底的渴望永远无法满足——这真的算胜利吗？

没错，没人能命令你做任何事。不过问问自己，如果可以改善目前的状况，你愿意做点什么吗？如果可以更好地与人沟通，得到更多的自尊和他人的尊敬并有机会正视自己的内心需求，你愿意改变自己的愤怒模式吗？

给消极攻击型愤怒模式的通用处方

适度的生气很正常。

意识到潜在的愤怒情绪。

努力让自己坚定起来。参考第五至七章，了解更多如何变得坚定的技巧。

不愿意做某事或不同意，别迁就，尝试着说"不"。

坚持己见并非攻击行为。

注重自我需求而别总想着取悦别人。

努力做最真实的自己。鼓励自己，做真实的自己是最好的。

认识到自我价值不是建立在别人意见上的。

试着直接表达不满，尤其是感觉被人支配、命令、操控的时候。

允许自己在一段时间内肆无忌惮，就好比人在青少年时期必须经历一段叛逆期才能脱离父母的管控，成为一个自主的成年人。你的改变同样得有这一过程。

通过多做自己想做的事而不是逃避不想做的事来更好地定义自己。

多结交不会强迫你按特定方式做事的人和接受最真实的你的人。

多结交那些不霸道、有独立思考能力的人。

不让任何人在精神和身体上虐待自己。

多结交能够很好地处理冲突和愤怒的人。

选择那些鼓励你变得更自信的人。

给暗算者的具体建议

有了愤怒就要直接发泄，别暗地里鬼鬼祟祟行下作之事。诚然，公开泄愤，风险不小，必然会惹人生气，被人拒绝，甚至发生冲突。但要知道，愤怒和冲突不过人生常事。你很清楚试着化解愤怒和冲突并不会让怒火熄灭，只是让其潜伏下来。何不试着把事情公开出来，看看会是什么感觉？

直接表达愤怒可以激励你，给予你做出必须改变的力量。倘若你正处于一段不健康或不平等的关系中，牢记这点十分重要。当你准备偷偷报复某个支配或虐待你的人时——比如故意把他的重要文件扔进垃圾桶——多半会为自己的行为找借口：我不过是以其人之道还治其人之身罢了。然而，即使你觉得出了一口恶气，仍旧还是他赢了，因为你无法直接对他发火。对他来说你还是没长大的小孩，仍是被他压制。当然如果对方是个危险的狠角色，直接放弃这段关系为妙。

大多数在背后偷偷泄愤的人到头来都为其卑鄙的报复手段感到内疚，进而自责。当面对人生气，比在背后报复更能让你感到自信，让你重获自尊。

不再搞暗中报复，不再打游击战，不再掩饰自己的愤怒。诚实、直接、公开、自信地交流。"我有点生气，因为……"而不是"是的，亲爱的（你这浑蛋）"。当你感到被人摆布，受人操纵，需要自己的空间时，直接向对方说明，而不要坐在那儿想着如何报复他们。

给逃避大师的具体建议

如果朋友或上司让你做一件你不想做的事，别为了图一时耳根清净就答应下来，一定要说"不"。否则，不是拖着迟迟不动就是谎称正在做着。或许你的成长经历告诉你与人作对会招致危险。如今你已成年，需要告诉自己，说"不"并不会发生可怕的事。（如果对方是虐待狂，以上理论可能不完全正确。首先要结束这段关系，以防让你处于危险之中。）

如果觉得自己不像个成年人，或感觉不够坚强，那么让自己变得更强大的唯一方法就是从风险较小的"不"开始，一步步来。对于同伴、上司或任何因为你说"不"而生气以至于让你感到害怕的人，顺其自然，就让他们失望、生气、咆哮吧。你越维护自己，就越能说出自己最真实的感受，就会得到越来越多的人的尊重。很快你会发现，别人对你提的无理要求会越来越少，会请求而不是命令你帮忙。长此以往，抒发己见和说"不"便越来越容易。

给闷声闷气者的具体建议

噘嘴、愠怒、冷战是小孩表达愤怒的方式。之所以这样，完全是因为在成人的世界里感到无助。即便自认为还未长大，但你确已成年。你越表现得像个孩子，就越觉得自己是个孩子，别人也会像对待孩子一样对你。

是时候成长了。没人能比你强大，除非是你给予了别人伤害你的力量。掌控自己的生活，说出真相，维护权利，敢于反驳，清晰响亮地阐述观点。如果有人做了违背你意愿的事，直截了当地告诉他。千万别噘嘴、生闷气、指望他会察觉做错了事。有人伤了你的心，就质问他为什么这样做。以后他就不会再冒犯你了。别指望通过冷战让他明白错在哪里——很幼稚的想法，对吧？

从现在开始自己做选择和决定。随波逐流不会让人快乐。别人没有义务为你的快乐买单。获得幸福的唯一途径就是忠于内心做决定，做选择，绝不为讨好别人而委曲求全。不妨从小的决定（比如选择吃饭的地方）开始，逐渐做更大的决定（比如买车）。每一个选择与决定都会给你带来力量和自信。

如果已经屈从了很长时间，这时候你很可能分不清自己的好恶。消极攻击型尤其如此。如果正处于这样的状态，那么自己做选择和决定更是迫在眉睫。每次做出的选择，都会让你找到自己的品位、喜好和内心。

给伪装者的具体建议

还记得第四章的莱克茜吗？自视如此高雅，如此虔诚，当然从不生气。如果你也是莱克茜那样的人，可能不会意识到在过于快乐的外表下正酝酿着愤怒和怨恨，需要别人的反馈来帮你看清真实的自己。我对莱克茜的描述可能让你产生了共鸣。从某个角度讲，你和莱克茜有那么一点相似（即非常渴望给人留下优越和完美的印象）。总之，迈出改变的第一步就是：承认你为了给人一个更好、更包容的印象，一直在塑造一个虚假的自己。

伪装者会不惜一切代价避免所谓的负面情绪。很多像莱克茜那样的人甚至认为，为获得真正的启迪，在精神或宗教上有所提升，绝不能表达愤怒，那样只会拉低自己的身份。但正如莱克茜认识到的那样，越是约束、压抑不良情绪，它们反而越来越多。愤怒会通过表情、姿势、语言、无意识的行为举止等悄无声息地表现出来。

接下来就是改变这种不健康的回避愤怒的方式，正视一个道理：每个人都会生气。每个人都有自己的想法，都有控制欲。这些都是人生的一部分。无论我们如何力争完美，它都不会消失。没有人境界可以高到永远远离愤怒、羡慕、嫉妒或仇恨等负面情绪。承认自己有怒气并对它负责，接受由此可能带来的风险。与其心怀怨恨，不如开诚布公。这不会降低你的修养，反而让你成为一个更好、更真实的人。

第九章

改变投射攻击型风格

> 大概一直以来我在别人身上看到的怒火其实都来源于自己。
>
> ——亚伦，42岁

投射攻击型的首要任务是克服愤怒带来的负面影响，这样方能接受自己的愤怒，避免投射到别人身上。因为害怕愤怒情绪，或认为愤怒是一种不可接受的情绪，你才会否认或逃避。本章节重点讨论如何摆脱这些负面观念，改变不健康的愤怒模式。主要包括以下几点：

1. 寻找有关愤怒的负面观念的起源。
2. 转变旧的观念。
3. 收回投射到别人身上的情绪。
4. 承认并接受自己的愤怒。

第一步：寻找有关愤怒的负面观念的起源

为了消除负面观念，首先应该知道负面观念因何而生。很可能你出生在一个不接受愤怒的家庭，或者在你成长过程中有人不断发脾气。举个例子，大多数投射攻击型愤怒模式的人是在保守的家庭里长大的。在家里表露出任何强烈情绪都会被认为软弱或邪恶。小孩在这样的家里生活，被强制要求遵循专横的父母提出的要求，永远都不能质疑父母的权威。一旦质疑或反驳父母，就会招来严厉的惩罚。有些小孩则被教育"愤怒就是魔鬼，那是魔鬼行为"。如果接受过这样的教育，你多半在很早就学会了约束或压抑愤怒。每次一生气，"不准生气""这样做会受到惩罚的""会下地狱的"之类的话就会在耳边响起。

如果你经常看到亲人发脾气，甚至出现言语或肢体暴力，或许从那时候开始你就下定决心绝不能像那样发脾气，决心避免让自己变成有暴力虐待倾向的父亲、母亲、兄弟、姐妹。于是学会了把怒气压下去，压到别人看不出，甚至连自己都骗过去。对你而言，任何愤怒的发泄都可能引发虐待和暴力，所以很畏惧愤怒。

作为一个成年人，施暴同样可能带来关于愤怒的负面观念。如果你经常目睹或经历对方情绪失控，受到对方的肢体虐待，或会慢慢将愤怒与暴力画上等号。

第二步：转变旧的观念

你的问题在于即使有正当理由，也很难生气。固有观念根深蒂固，恐惧又难以消除，所以恐惧先于怒气占据了你。整个进程如此迅速，让你压根儿就没机会意识到自己在生气。所以总觉得是别人在生气。同样可以解释为什么你会不断吸引那些帮你出气的暴脾气。

走出困境的办法就是转变旧观念。希望你在读到此处时能自我反思以前关于愤怒的错误认识。以下练习会有所帮助。

▷▷▶小练习：对愤怒的看法

1. 列举过去和现在你对愤怒的所有看法（如"生气从来都不是好事""一旦生气就会一发不可收拾""生气是魔鬼"等）。
2. 一边读列举出来的条目一边思考。划掉现在你认为不再合理不再正确的条目。
3. 把现在仍然认同的圈出来。
4. 仔细看圈出来的条目。你确定它们都对吗？确定适用于你现在的生活吗？

下次生气时，哪怕很轻微，留意自己对生气的看法。如果发现任何一项之前划掉的条目，就告诉自己"我再也不相信这个了，这不对"。如果听到内心的声音，与之前圈出来的

条目（即至今仍相信的）吻合，就告诉自己"这或许是真的，但我也有表达愤怒的权利"。

第三步：收回投射到别人身上的情绪

接受愤怒之后，下一步就是停止把愤怒投射到别人身上。我知道大多数人已经从各种渠道了解到投射及相关知识，而且这本书也做了清楚的解释。为了更好地理解，你可能还需要更多这方面的信息，这样整个概念框架就能在脑海里清晰地呈现。投射就是把自己不想承认或害怕拥有的感觉或反应归咎于别人。就像电影放映机投射画面到屏幕上，你将让自己害怕或羞愧的情绪投射到别人身上。

投射性认同

投射性认同即一个人将自己拒绝和否定的部分投射到亲密伴侣身上，然后认为这些被"投掷"出去的东西原本就存在于那个人身上。这与和一个确实有着一些你不认可的缺点的人交往有所不同。（举个例子，在吸引何种对象及以何种方式袖手旁观有人受虐方面，"腹语者"类型多使用投射性认同，而"无辜受害者"类型多使用投射。）

你通过投射性认同将讨厌的想法和感觉投射到对方身上，觉得那些都存在于别人身上，自己没问题。同时你通过暗示与挑衅鼓励对方表现得就像他真有这些问题一样。然后因为伴侣表现出你讨厌的想法、感觉和情绪，你便与之产生了共鸣。玛姬·斯卡夫为康妮·茨威格担任编辑的《直视阴暗面》一书写过一篇文章，提到了该现象：

> 投射性认同最清晰明了的典型，恰好存在于那些完全没有攻击性，从不生气的人之中。这类人的愤怒意识仿佛被剥夺，只有当别人（尤其是伴侣）不出所料地发怒时，他们才会感知到愤怒的客观存在。若他们遇上烦心事而内心又恰好有些情绪，他们会主动切断这些情绪。他们不会意识到自己在生气，但会很巧妙地引导配偶发火。
>
> 本来一点都不生气的配偶在他的步步为营下突然暴怒。她的愤怒看似由毫不相关的事件引发，其实是在帮助丈夫把他的火发了出来。因此从某种意义上说，她"保护"了他，让他免于直面内心不愿承认的那个自我。

虽然投射和投射性认同是无意识的防御过程，但在你将愤怒投射到别人身上而不是正视它时，还是可以察觉。下面的策略能帮你自查：

- 注意你对别人愤怒的敏感或畏惧程度。如果同伴发脾气，甚至一拳打在墙上，你害怕他情有可原。但如果只是简单地告诉你他在生气，尤其是当他从不会因生气而施暴，害怕就没道理了。如果你的畏惧看起来没有多少根据，不妨问问自己，害怕的是不是源自自己的愤怒，抑或是同伴让你想起了曾经对你施暴、虐待你的人。

• 注意是否经常批评别人发怒。我们常批评别人的行为而从不承认自己的过错。尽管并非所有对他人的批评都是投射行为，但如果你的回应过激，这时候可以确定，是你内心的某种无意识的东西被激活了。

• 注意别人是不是经常生你的气。与其猜测别人是否生气，还不如亲自一探究竟。当她告诉你她没生气时，别猜测她是不是在撒谎，而是相信她的话就行。毕竟你曾经把自己的愤怒投射到别人身上，所以很可能她真的没生气。

• 注意你是否容易被愤怒的人所吸引或与他们纠缠不清。这不是巧合。我们常被"另一个我"所吸引——一个我们不愿承认又想偷偷体验的自我。

• 注意你是否经常让别人替你发泄愤怒。你经常向别人抱怨吗？你是否注意到，当你向朋友或家人抱怨某人时，他们也会对那个人生气？有没有亲朋好友为了你而与他人针锋相对？

▷▷▶ **小练习：翻转**

1. 列出所有你觉得在生你气的人。
2. 在每个名字旁边，记下你认为可能的原因。
3. 现在，挑战你的思维，问一个问题：为什么那个生气的人其实可能就是我自己？列出你对每个人生气的全部可能原因。举个例子，先写下"杰森生我的气，因为这周末我放假而他要上班"这一条，然后直面自己的投射性思维，承认一个事实："不，不对。是我在生杰森的气，他没有生我的气。自打他升职以来我就一直很生气。他被提拔了而我还在原地踏步。我对此耿耿于怀，其实都怪自己上班常迟到。"

第四步：承认并接受自己的愤怒

一旦开始正视自己的负面观念和对愤怒的畏惧，正视自己的投射性思维，你将在一个更好的层面改造自己的愤怒。下面要做的就是检查一下自己发火的频率和程度如何。

- 每当意识到自己生气时，在愤怒日记本上做好笔记。
- 记下自己发怒时的感受。陈述生气的原因，具体描述生气时的感觉，包括身体的感受。
- 记下你想如何处理这些愤怒。别退缩。只是想法和文字，不是具体行动。比如写下"我想当他的面尖叫""他那个眼神,我想上去就是一耳光"或"我想痛扁他一顿"。

- 写完后警醒自己,那都是生气时候的想法而不是真要去伤害他。那些人猜不出你的心思,也不会因为你的想法受到任何伤害。认真说起来,相较于承认自己的愤怒情绪,隐藏愤怒的你更有可能去伤害他人。

越坦然承认自己的怒气,允许自己产生愤怒的想法,就越不需要把愤怒投射到别人身上,越不会依赖别人替你发泄愤怒。同时,你或许会因为允许自己生气而感到内疚,对此要有心理准备。告诉自己:

- 我是个人呀。人都会生气的。
- 我有权利生气。
- 愤怒的想法不会伤害到别人。

你正处于改变根深蒂固的理念的阶段,需要花时间适应。越努力改造愤怒,那些内疚和不自在的感受就会越少。

给腹语者的具体建议

亚伦在妻子的建议下前来治疗。他总感觉有人要害他。妻子担心他患上了被迫害妄想症之类的心理疾病。根据亚伦自己在电话里描述的状况，我倒没有过于担心这是心理疾病。他只是不太懂得如何承认自己的愤怒。

亚伦在一个充满暴力的家庭中长大，经常目睹父亲虐待母亲。几个兄弟也时常因很小的错误遭到父亲的严厉惩罚。亚伦长大后非常温和，内向，从来不会表露出愤怒。他结婚不久就因前妻抱怨他太冷漠和疏远而离婚。看上去现任妻子和他相处得很好，很大程度上是因为她对他在情感上的互动需求少。亚伦一直觉得别人要害他。他觉得老板占了他的便宜，没有付给他应得的报酬；觉得同事窃取了他的方案，要和他竞争升职的机会——而且会用不正当的手段。最近他又开始担心，觉得老板和同事们似乎站在了一条战线上，要一起制订计划迫使他辞职。妻子凯伦一向支持亚伦，哪怕他的想法不切实际。但最近他的这些想法也让她担忧了。

"她认为我这次做得太过分了，她不相信我，觉得我太极端了。"亚伦说道。他坚持认为自己的直觉没错——那帮人肯定在密谋如何逼他辞职。我知道目前最好不要尝试说服他，而是把重点放在让他对察觉的"将要发生的事"的情绪表达上。

刚开始他只谈论自己的恐惧。慢慢地他敞开了心扉，承认同事们的排挤让他非常生气。他总觉得别人在生他的气，至于为什么会有这种感觉，他说那是因为同事们都误解了他，觉得他对他们都抱有敌意。

经过几次谈话交流后，亚伦才愿意向我吐露，可能其他人已经对他的敌意有所察觉,而他自己却没有意识到自己有敌意。最后,他终于能够把目前的情况和幼时面对父亲时被迫隐忍的敌意联系起来。亚伦以前一直害怕父亲发现自己内心的真实想法而被父亲杀害。

随着时间的推移,亚伦逐渐能够承认自己有愤怒,并能向他人发泄。他发现越这样做,就越不会相信同事们在排挤他。"一直以来,我在别人身上看到的都是我自己的愤怒。"(投射性认同)他与我分享道。亚伦花了很多时间找到问题的核心——对父亲的愤怒——不再担心自己会失去理智,不再担心会被父亲神奇地觉察到。

关于投射攻击型的亲身经历

在我二十多岁的时候,我有和亚伦类似的经历。那时候我开始治疗自己的抑郁症,从对母亲的愤怒着手。我出过一场车祸,之后一直害怕上高速路,不管距离多远我都愿意走小路,不仅不方便而且相当费时。同时我突然变得害怕有人会突然闯入公寓,但这毫无根据啊——我住的地区犯罪率并不高,且据我所知周围从未出现过类似情况。

在一次治疗中,我向治疗师讲述了自己的恐惧。她一针见血地指出:"你真正害怕的不是别人突然闯入公寓,而是担心自己会发怒。"她的话很真实、深刻,完全消除了我的恐惧。的确,我害怕自己的愤怒,害怕如果承认了对母亲的愤怒,我会不知所措。这些愤怒情绪变得剑拔弩张，蠢蠢欲动，让我不敢正视，我必须把它投射到另一个世界里去——一个会发生车祸、会有人闯入家中谋杀我的恐怖世界。

如果你有类似亚伦或者我的经历，或从对该愤怒类型的描述中认清了自己，不妨做出一些改变。

- 每当觉得有人在对你生气，就暂时假设是你在生他的气。想要改变把愤怒发泄到别人身上的倾向，就必须得这样做。当然万事开头难，你肯定认为是别人在生气。一旦你认真审视，发现真正生气的是自己，就会逐渐认识到自己的投射行为。这并非是说就没人会生你的气，但除非他直接向你发怒，不然他生不生气与你无关。

- 如果你害怕别人对你有所企图，问问自己，是否是你对他们有所企图。坦诚地告诉自己，你对那些你害怕的人的敌意感到多么愤怒。感受真实的愤怒并把它写下来，如果可以的话不妨和信得过的人谈谈。

- 你对形势的判断不见得就一定正确。所以如果对方告诉你他并没有生气，相信他吧。这意味着你需要给予对方极大的信任。是让别人告诉你他是否生气，还是自己判断对方是否在生气——前者更可能接近真实情况。

- 重新审视与曾忽略你、抛弃你、虐待你的父母或其他监护人之间未了的心结，鼓励自己向他们表露真实的愤怒。不必太直接，永远也不用让他们知道你有多生气。完全可以在他们不知晓的情况下发泄。

▷▷▶**小练习：写一封愤怒的信**

1. 给自孩童时代至今每一个与你有过节的人写封愤怒的信吧。告诉他们你的真实感受，什么都不用隐瞒。要知道他们不会读到这些信，不会知道你的愤怒。
2. 写好后，可以选择保留信件，将来可做参考；也可撕掉、烧毁或邮寄出去。
3. 如果选择邮寄，一定得是出自自愿并能承担后果。在决定前可以咨询专业治疗师，或做好万全准备以应对对方见信后可能的反应。

给无辜受害者的具体建议

玛丽亚因为害怕丈夫的脾气，向我咨询。她痛苦地说："他脾气很差，永远不知道什么又惹到了他。有时看起来好好的，下一秒就莫名其妙地爆发了。"

我问玛丽亚为什么这样还能和他相处15年。她解释道："大多数时候他还是很好的，很有魅力，特别幽默，是个好爸爸，孩子们都崇拜他。"

"孩子不怕他吗？"

"应该也怕。但他们学会了在他生气的时候不去招惹他。"

我很快明白，玛丽亚把所有的感情倾注在了丈夫身上，完全没有意识到这对自己和孩子都不是好事。和对待常见的婚姻出问题的人一样，我问她能否讲讲他们之间的恋爱经历，回忆刚开始时是如何被他吸引的。

她说："我是一个很害羞、很内向的女孩，在一个非常传统的墨西哥家庭长大。在家里不管做什么都得经过父母同意，绝不能顶嘴。高中毕业那会儿我认识了路易斯，一见钟情。他人很幽默也很健谈，和我完全相反。我觉得他无所不知，总是有很多故事讲。如果有人惹他，他就敢反抗！所以没人惹他，都很尊敬他。"

随着进一步交谈，我逐渐发现玛丽亚之所以被丈夫吸引，只是因为他俩性格迥异。最不同的一点就是路易斯能够很自然地表露自己的愤怒情绪，这让玛丽亚非常羡慕，她从小到大都被禁止发怒。路易斯的坏脾气都让她觉得无所谓。"如果对服务员不满意，他会马上发火。那时我还很自豪能有这样一个丈夫，换作是我绝对不敢这样做。"

结婚后她开始见识到他脾气的威力。"我非常讨厌他对孩子大喊大叫！"她多次说。这就是玛丽亚付出的代价，即使现在她还没全面意识到。我问："路易斯的坏脾气有什么可取之处吗？在婚姻中有起到什么积极作用吗？"

"这个嘛，他能管住孩子，我管不住。现在的孩子不像我们小时候那样唯命是从了。他们总跟父母对着干。如果孩子跟我杠上，我会不知所措。但路易斯就能搞定他们。"其实质是玛丽亚害怕发怒，所以她让路易斯替她把愤怒表达出来。

然而玛丽亚没有意识到，路易斯的坏脾气使得自己和孩子们受到了情感上的虐待。他们的自尊心被一步步地摧毁，自我价值感逐渐瓦解。两个儿子在学校里很不老实，经常打架惹事，欺负同学。女儿则极度害羞、孤僻，不敢和大人说话。由于玛丽亚无法正视自己的愤怒情绪，她和孩子们付出了惨痛的代价。

对玛丽亚而言，发脾气被认为是错误、危险的行为，女性是不该生气的。她所理解的女性角色应该是一个服从并支持丈夫的好妻子，一个善待孩子的好妈妈。她不能承认内心世界里的愤怒情绪，因而嫁给一个能替自己表达愤怒的人。

相比玛丽亚，你的情况或许稍好或许更糟。选择和一个爱发脾气或有虐待倾向的人在一起，对方确实能替你发怒。但别忘了，总有一天你将为此付出巨大的代价。孩子会被伴侣的严厉言语、暴躁脾气或体罚虐待所摧残。到那时，你就不得不为他们遭受的伤害负责。在伴侣虐待孩子时，你若选择袖手旁观，无疑是在告诉孩子们：(1)你不关心、不保护他们，不带他们远离那个可怕的人；(2)你很自私，只在乎自己的需求而对孩子不管不顾；(3)哪怕是被虐待，都不可以反抗。

如果你有和玛丽亚类似的境遇，或已意识到是别人在替你发泄愤怒，就要明白这是一种无知。扮演无辜的受害者能逃避自己的愤怒，但终将丧失自尊、信任，变得无助。如果你有孩子，眼看对方对自己或孩子施以愤怒、敌意、虐待的行为，那你就是一个伪善之人——面对受虐的孩子仍无动于衷。

给"怒气磁石"类型的具体建议

我在一家受虐妇女救助中心任副主任兼首席顾问时认识了朱莉。与不少因为屡次被殴打而被迫逃离的女性一样，朱莉在现任丈夫之前还和几个脾气暴烈的男人交往过。朱莉并不回避自己有与暴脾气男人交往的嗜好。当她来到救助中心时，就做好了直面问题的心理准备。

朱莉和大多数遭丈夫或男友虐待的女性一样，来自一个有暴力行为的家庭。父亲常打母亲，朱莉和两个姐妹经常目睹全过程。这也就不奇怪，朱莉成年后才意识到是父母把她变成了这样，她不过是在效仿他们。我们长期在救助中心工作，对朱莉背后的原因一看就知，但大多数处于类似情况中的人是无法看清自己的。当朱莉意识到了自己的行为模式和个中缘由，便能更好地避免重蹈覆辙。

虽然你和暴力男相互吸引的情形或许没有朱莉夸张，但和朱莉一样，你也在和暴力的人相处，一次一次地犯下类似的错误，也足够让人不安了。你可以摆脱这个惯性，不管它多么根深蒂固。以下建议或许能帮到你：

- 面对现实：承认自己容易吸引暴力的人或被对方吸引，不是巧合。
- 如果你不确定自己有这样的特性，把所有关系亲密的人列出来。圈出可能有易怒、暴力、虐待倾向的人。
- 需要意识到，之所以会被其吸引，部分原因是否认了自己的愤怒。
- 要意识到这有可能源于童年时期，需要准确判断其起因，以便解开之前未完成的情结，继而摆脱它。

▷▷▶小练习：判定自己的特性

1. 在一张纸的正中间画一条竖直线。在其中一栏，列出母亲积极与消极的性格，比如急躁、慷慨、愤怒、批判、宽容、忠诚、温和等。
2. 在另一栏里，列出父亲的性格。
3. 在另一张纸上画两条竖直线，把整张纸分为三栏。第一栏，列出自己目前的性格特征。
4. 在第二栏列出前一位对象的性格特征。
5. 在第三栏列出更早之前的那位对象的性格特征。

注意五个列表的相似之处。把重复出现的特性圈起来。注意有些措辞不同但指代可能类似的项，也要圈起来。看看会有什么发现。

第三部分

∨

勇往直前

第十章

尊重他人的愤怒

> 我对自己表达愤怒的方式很满意,但对别人的愤怒束手无策。每当有人朝我大吼,我还是会害怕,仍不知道该如何解决和他人的冲突。
>
> ——莎莉,48岁

虽然我们的重点是学习如何尊重愤怒以及改变不健康的发怒方式,但学习尊重他人的愤怒也同样重要,尤其是亲密的人的愤怒。我建议阅读本书列举的每一种愤怒类型的特征,找到你关心的人属于何种类型。本章的信息和策略同样适用于你。第一部分是关于正确处理各类型愤怒的基本信息。第二部分就特定的愤怒类型提供一些针对性的建议。

聆听的重要性

大多数人在生气时会迫切需要一个能悉心倾听的人，希望有人能理解自己难过的原因。一旦感到有人能真正聆听、理解、同情自己，便能放下愤怒。如果对方并没有真正聆听，怒火甚至会更旺。

如果真想解决与他人的冲突，请耐心听人讲话，了解生气的原因，别争论，别打断，更不要一副警惕的姿态或因为对方在生气就贬低对方，耐心听他们说就行。以下的态度和技巧会让你成为一位更好的倾听者：

积极地倾听。积极的聆听者会在意对方讲的内容和表达的情绪。假装在听，实则左耳进右耳出是骗不了对方的，反而会再次激发其愤怒和怀疑。停下手中的事，全神贯注地看着对方，可以的话进行一些必要的眼神交流，偶尔点头示意，都可以表现出你在认真倾听并理解他们的话。

假设对方是善意的。在善听者看来，对方是善意而非恶意的，对方生气是有原因的。他不见得就认同对方的所作所为，但也不会认定对方有坏心眼。

保持中立。为了更全面地了解对方及冲突产生的原因，抱着中立的态度去倾听，暂停所有带有批判性的判断。带着好奇心去倾听，试着传递一个信息——"我尊重你。不管我是否认同你的想法和感受，我都很在意。"

设身处地为他人着想。向对方表达同情非常重要。人在生气时会希望得到理解,希望我们站在他们的立场上去看待问题。试想一下,站在别人的立场上思考是什么感觉?

以开放的思维和心态去倾听。虽然没有必要为了成为一个好的聆听者而改变自己的观点,但学会接受不同的观点很有必要。你能从他人的反馈中了解自己的人格或行为,从不同角度化解矛盾,还可以通过聆听学到点什么,何乐而不为?

学会公平斗争

有人的地方就会有冲突。冲突是一种与生俱来的人际关系,情人之间尤为明显。越觉得脆弱就越依赖别人,别人就越容易伤害你——生气也就在所难免。有些关系经年永固,多是因为彼此找到了表达和处理愤怒的合适途径。

一段关系是否健康稳固,要看双方能否自由地表达彼此的愤怒。如果一方或双方不承认自己的愤怒,也不倾听对方的愤怒,这段关系必定脆弱和僵硬。双方很可能都没有信心,认为这段关系经受不起愤怒的考验。

与其害怕生气,不如预先设定你和对方得以相处的基本规则。这将帮助你踏上一个平等的心理起点。可以自己创建基本规则,我建议包括以下几条:

- 轮流听对方讲完。
- 尊重彼此的立场。
- 认识到每个人都有表达观点、感受和立场的权利。
- 尽最大努力找到解决问题的办法及愤怒的缘由。
- 承诺不搞指责、人身攻击、威胁、恐吓等手段。
- 承诺不玩弄背后操纵、剥削压迫或转移注意力的伎俩。
- 对打人、推搡等任何形式的暴力行为零容忍。

安排一场公平的斗争

尽早和让你生气的人交谈。浪费的时间越少,谈话越有效。相反,从受到伤害到表达愤怒拖得越久,问题就越多。

在和伴侣谈之前,先花点时间冷静冷静,找一个双方都能自由交谈的时间,避免因为其他事分心或受到干扰。以下建议将帮助你学会如何更公平、更有效地斗争:

1. 别在吃药或喝酒后同对方争辩。
2. 明确为何而斗争。
3. 一次只针对一件事。
4. 描述自己的感受,说清楚这个事给自己带来的困扰。
5. 别对他说:"我知道你是怎么想的。"
6. 就事论事,不翻旧账。

7. 若气氛变得紧张，暂停一会儿。

8. 目标是找到双方都能接受的解决方案或妥协办法，为"求同存异"留足空间。

9. 斗争时间不宜过长，最好在30分钟内解决问题，哪怕是暂时搁置也好。

10. 坚持。如果到最后仍没能解决主要矛盾，可寻求心理咨询。

道歉的力量

当我们的行为冒犯或伤害了别人，倾听之外，还差一声对不起。道歉可以在一定程度上补救对他人造成的伤害，修补关系，挽回自尊，治愈心灵，抚平创伤。道歉可以让对方知道你后悔伤害了他。道歉甚至能神奇地治愈内心深处难以磨灭的创伤。对方会知道你在尊重、关心他的感受。

道歉是对蒙冤之人表示同情或承认自己做出不可原谅的行为的方式之一。道歉可消除对方的愤怒，防止误解加深，拉近人与人的距离。如果道歉够诚恳，发自内心地感到抱歉，对方的愤怒很可能迅速消散。如果你的行为是无意之举，比如无意中说了一些伤人的话，此时道歉就显得尤为重要。总而言之，为了解决冲突，你需要：

- 敞开心胸，客观冷静地倾听对方
- 同情他人
- 制定解决冲突的基本规则
- 道歉

通用处方：如果对方是攻击型

如果被攻击型愤怒模式的人伤害，试试以下方法：

冷静下来。深呼吸几次，默数十下。如果还是控制不住，找个借口暂时离开，等到情绪可控时再回来。

降低音量。通常，人在生气时容易提高嗓门。如果你也靠音量对抗，局面会更易失控。降低自己的音量，缓和缓和气氛，双方更容易冷静下来。对方声音越大，你越是柔和回应，他为了听清你的话也不得不冷静下来。

别太当回事。对方生气，不一定就与你有关。即便是因你而起，也没必要把对你的侮辱或人身攻击照单全收。尽量做到置身事外，专注于解决问题。

别哭。眼泪会削减对方对你的尊重，甚至还会刺激他动手。

别大喊大叫。即使对方对你大喊大叫，也没必要对着干。大喊大叫不能解决问题，只会让事情变得更糟。

离开。如果对方情绪升级甚至威胁到你的人身安全，结束谈话，尽快离开。

具体建议：如果对方是爆发型

爆发型的人在讨论刚开始时可以很愉快很有礼貌，但一旦有人不同意他们的观点，他们就会大发脾气，甚至恐吓对方，迫使其屈服。在对方放松警惕时，他们这一套可谓屡试不爽。

爆发型的人很难说清为什么自己总感觉被人威胁，这也是他们遇事的第一反应就是发怒、怀疑和责备他人的原因。如果你发现自己或别人身上有某些特质和行为会让一个爆发型的人产生受威胁感，就要避免在他面前表现出这些特质和行为。你或许会因此觉得和他们相处须如走钢丝般谨慎，从很多方面来看确是如此。但并不是要你不去维护自己的权利，放弃做真正的自己，放弃想过的生活。我只是说如果能避免触发愤怒，对双方而言都是好事。

这类人爆发时，哪怕看似说个没完，但其内心充满了恐惧和不安，发泄确实需要一点时间。但如果他超过了合理的时间，或你觉得他的话伤害了你，就要打断他，要求暂停。告诉对方，你完全理解控制脾气实属不易，但这次你实在听不下去了。如果他不顾你的要求还要继续吵嚷，那你干脆一走了之。如果他一直跟着你喋喋不休，你可以走到公众场合，让他为大喊大叫感到羞愧。

如果他在电话里大发雷霆，你可以镇静地回答："等你冷静了再打给我。"或者"我愿意听你说，但请你先冷静。"

具体建议：如果对方是责备型

如果有人经常指责或诽谤你，以下建议将有所裨益，且同样适用于对付腹语者。

不解释。试图证明"这事儿真不是我做的"会显得自己很愚蠢、幼稚、有负罪感——即便你很无辜。你会因此处于劣势。再说了，不管你说什么，责备型或腹语者都不会相信。

不否认。不停地否认（诸如"我没有！""他也做了！"之类）也会让你处于劣势，让你看起来像个小孩。

不反击。反击或试图争个输赢，只会让他更生气。如果对腹语者这样做，你将陷入对方无意识设置好的投射和投射性认同陷阱。

别退缩。如果一直处于被动和沉默的状态，就容易迷失在对方的批判中，使自尊心受挫。

应该怎么做呢？尽可能保持中立。也可以重述或解释对方所说的要点，借以表明自己在认真倾听、理解对方的话。这并不意味着你得同意他的观点。如果不想再听下去，就告诉他这次就先谈到这里吧，如果他还有话没说完，等会儿再说。然后你径直离开就是。

具体建议：如果对方是消极型

如何鼓励消极型以直接、开放的方式表达愤怒？最好的方式莫过于为他创造一个安全放松的环境。

让他知道你愿意听他泄愤，愿意鼓励并帮助他直接表达愤怒。

在他表达愤怒时，不能消极应对。承诺固然不错，行动更为重要。当他终于开始直接表达愤怒，不要抗拒，冷静听他说，然后谈谈自己的看法。

向他确认刚才发怒的正当性。比如对他说"怎么了，生这么大的气？出了什么事？"之类的话，向他传递"发怒不要紧，没关系"的信息。

在他表现出愠怒时，就想办法让他知道。用一个温柔的问候——"你好像很生气，发生了什么事？"鼓励他表达愤怒。并非要你对他俯首听命，而是建议你多多关注他的情绪变化。

做个坚定、直接表达愤怒的好榜样。

如果你做错了，坦然承认并道歉。

让他知道，即使他的意见和信念与你不同，你也会尊重他表达的权利。

具体建议：如果对方是消极攻击型

世上最难之事莫过于让消极攻击型的人相信生气没什么大不了的。为了让他们能坦陈心里的感受，暴露内心深处的敌意，需要为其营造出放松的氛围，让他们远离威胁、无助之感。在他直接表露愤怒时，你应保持非批判性的包容态度，表明你接受他的所有，包括他的愤怒。这意味着你需要压制住可能出现的想回击的冲动。既然好不容易才让他冒险公开表达怒气，无论如何都不要以讽刺、批评或取笑等方式回应，否则他会觉得这条路并不适合自己。如果你的回应缺乏足够的善意，他绝不可能有第二次尝试。

你的回应将很大程度上决定他今后还能否继续如此表达愤怒。如果你本人也不善于公开表达愤怒，对你来说这将是道难题。首先你得努力学会如何自然地表达愤怒（详见第七章），然后才谈得上帮助别人。否则，你会有意无意地通过面部表情和肢体语言向他传递这样一个信息：你生气真是不可理喻，我不想听你在这儿怨天尤人，你的怒火与我何干？

一些人发现自己生气时，更愿意父母、朋友或爱人以消极攻击型的方式对待。在开始直接表达自己的愤怒时，他们试着用幽默予以化解（"嗨，没关系的，没啥大不了的！走，去玩！"）。不管他的消极攻击型行为多么让人火大，他们这样做似乎比正面和他杠上更安全。短期来看，用幽默回避愤怒是个不错的选择。但随着时间的推移，这会逐渐破坏你们的关系。

与消极攻击型的人争辩

要想与消极攻击型的人来场公平的争辩是不可能的。你需要帮助他，让他明白，自己能够直面冲突，同时还能保持住尊严和权威。相反，越向他展示你的力量，越是试着与他直接沟通，他就越觉得自己软弱，觉得被人掌控。

与消极攻击型的人争辩非常困难，他们总把自己视作受害者。明明正在说他的拖延症，他却突然话锋一转，控诉起你如何不耐烦，如何不够体谅他的压力——一下子他便转败为胜。

他们认为妥协只会给自己这一方带来损失。哪怕一点小小的妥协，都会被他们视为巨大的让步，你必须为此心存感激或深感内疚。

他们结束争辩、破坏平等争辩的另一个手段就是假意道歉。这种道歉不过是为了停止争辩的伎俩，毫无意义。

记住，你的目标是解决冲突，而不是非得争个对错，或表明什么观点。若能继续坦诚开放地交流，遵守我之前建议的公平斗争规则，对方终会对你产生信任，相信你不会利用他的弱点，不会试图支配和控制他。

具体建议：如果对方是腹语者

与腹语者相处，千万不要陷入其愤怒或指责中。如果你的自尊心不强，容易受人影响，漠视这些指责可不容易。你要牢记这类人会把自己的愤怒情绪投射到你身上，所以那些指责与你无关。一旦相信他的鬼话，就是在帮助他逃避自己的愤怒。

如果你在不经意间配合了他的指控（比如变得烦躁、音量提高、更激烈地争论），则很可能陷入让你追悔莫及的陷阱中。你让他觉得对你的指控很有道理，觉得自己简直掌控了局面。下列建议或许能帮到你：

- 针对腹语者的指责，最好的解决办法就是尽量保持中立。
- 别争辩，别反击。他指责你生他的气，你可以回应道："我并没生你的气。"
- 别要求他解释为什么会觉得你在生气。这反倒会鼓励他继续信口雌黄。

第十一章

超越愤怒

> 愤怒的感觉真的很好,但我不想这样,不希望自己沉溺其中。
>
> ——艾米,37岁

除了健康、稳妥地处理愤怒情绪,我们还需要学习如何超越它。愤怒蕴含了强大的能量,可以用于许多积极的方面,比如激励自己改变、提高在对手面前的竞争优势、保护自己免受伤害等。同时我们又常困于其中,难以自拔。

我们都曾经历过痛苦、失望、背叛、剥夺甚至暴力。应该如何应对这些伤害?如何避免成为下一个施暴者?如何甩开愤怒,快乐生活?

本书前半部分介绍了两种健康的愤怒模式——坚定型和沉思型。这两种模式积极应对愤怒警示的问题,重视触发了愤怒的隐藏情绪。同时,这两种模式都能帮助我们超越愤怒。

习惯发泄愤怒的人或许更适合坚定型模式，习惯消化愤怒的人则更适合沉思型模式。

采用坚定型模式，你将对惹到你的人直言自己的痛苦。不指责，不用讽刺、轻蔑的态度折磨对方，也不会固执地强调自己的观点。另一方面，坚定型模式还会让对方更愿听你讲话，这正是走出愤怒所必需的。你立场坚定地表示往后将不再容忍此类行为。这种充满了力量的姿态让你摆脱受害者心态，实现对愤怒的超越。

采用沉思型模式，你会关注愤怒传递的关于某人、关于某事、关于自己的信号，你会探索内心的情感，并视愤怒为导师。你思考自己能从愤怒和发怒经历中学到什么，思考如何避免类似情形再次发生。之前学到的积极健康地处理愤怒的方式，就是沉思型模式的一部分。若打算采用沉思型模式，请参考以下步骤：

1.给自己一些时间冷静，必要时叫个暂停。

2.自问"愤怒想要告诉我什么？"。它是否想告诉你，你已堆积了太多压力？触发器被激发了？你其实是在生过去某件事的气？你和某人的关系出现了问题需要解决？

3.自问"我能做点什么？"。此处和坚定型模式有所重叠，比如面质。你或许需要改变自己，比如为压抑的怒火找到合适的发泄口；或许要求你改变自己的某些行为，改变与他人的交流方式。

4.自问"藏于愤怒之下的情绪是什么？"。什么感受触发了我的愤怒？某人的言行伤害到了我吗？让我感受到威胁（害怕）了吗？这种情形让我觉得羞愧吗？该如何正确对待由此出现的情绪？

5.自问"我能从此次的经历中学到什么？"。例如，你再次认识到及时解决问题而不是让问题在心里堆积的重要性；认识到应远离某人或避免重蹈覆辙；或学会了不再苛刻地评判别人，意识到应该让自己更有同情心。

6.自问"我需要怎么做才能卸掉怨愤，宽容别人？"。

为什么仍然愤怒

尽管尽了最大的努力，用坚定型或沉思型模式控制愤怒，有时仍会囿于愤怒之中，无法迈步前行，无法宽容别人。为什么会这样？可能有以下几个原因：

仍旧感受到某人的威胁。如果对方仍然对你构成威胁——不管是因为他本性难移还是因为死不承认错误——要宽容这种人确实很难。在这种情况下，保持愤怒能保护你。

仍感到自己被忽视。最令人沮丧的事莫过于当你为维护自己权益，向他指出其行为的错误之处时，对方却表现得充耳不闻。不论是因为他忙着辩解，还是因为没有设身处地站在你的角度看问题，人在被忽视时确实很难原谅对方。

认为对方没有对其行为承担足够的责任。如果对方不承认给你带来了不便、失望或伤害，要原谅他很难。特别是当问题依旧没有解决，什么补偿都没有，原谅就更不可能了。

尚未得到对方的道歉。心理学研究及实例表明，当人为自己的行为道歉时，更易获得原谅。

为什么宽恕很重要

我在写《道歉的力量》时发现，不少研究表明，持续发怒、沉迷报复、不断回忆痛苦过往会使人身心俱疲。宽恕却对身体、大脑和精神有治愈作用。过去十年里，威斯康星大学麦迪逊分校的罗伯特·恩莱特博士一直致力于对宽恕本质的研究。他和其他研究者发现，善于宽容别人的人获得了巨大的心理收益。对结婚多年的夫妻的研究显示，宽容是维持人际关系良好运转的重要基础。

研究还表明，宽容是一种释放。报复或逃避都不健康。敌意和挑衅都会导致一系列的健康问题。恩莱特等人发现，一个人在宽容别人后，其焦虑、抑郁和敌对行为均有所减少，信心、自尊、存在幸福感则有所增加。

1998年斯坦福大学的一项研究表明，宽容可以在很大程度上减少一个人的愤怒（记住，愤怒会增加心脏病的发病率，影响人体免疫系统功能）。来自威斯康星大学麦迪逊分校的研究已充分证明，愤怒及拒绝原谅会对身体造成伤害。研究人员发现，不愿宽容的人更易患病。该校教育心理学教授恩莱特曾说："我们惊讶地发现，宽容竟然有如此强大的治愈力。"

除了让人更富同情心，更有人情味，宽容还有诸多益处：

- 有助于减轻因被冒犯而产生的痛苦，帮助创伤愈合。
- 宽容他人时，你便朝着修补双方关系迈出了重要一步。
- 有利于减轻压在你心上的沉重负担。
- 让你继续享受生活，不再跟往事较劲。
- 使你成为一个更好的人，同时改善身心健康。

宽容是个颇费时间的过程。对许多人来说，全世界的时间加起来都不够他们去原谅。有人认为不论怎样道歉都于事无补；有人坚持有错的一方必须做出补偿方能被原谅；也有人笃信江山易改，本性难移。

这些观点在某些情况下也算有理，你能做的就是朝前看，不再考虑与对方和好的任何可能性。而在其他情况下，这些说法却可能只是自欺欺人的烟幕弹，掩盖了你无法原谅对方的真正原因——骄傲、对别人不合理的期望、缺乏同情心，以及非黑即白的思维方式。这些障碍不仅阻碍你宽容他人，还阻碍你走出痛苦，妨碍你的生活。

　　宽容不是自以为是，不是盲目纵容，不是恣意妄为，更不是简单遗忘。宽容最重要的成分是同理心。在认清对方的伤害行为后，要能给予同情。如果能对隐藏于对方心灵深处、导致做出伤害你的行为的苦楚表示理解，你便是一个有同情心的人。在施与同情的过程中，你不再扮演受害者的角色，而是穿过对方的行为，进入了他的内心。

后　记

　　承认自己的愤怒模式不健康然后尝试改变，需要极大的勇气和努力。万事开头难，如果能做到这一点，那么恭喜你，美好生活就在前方！不过，最难的还是改变不健康的愤怒模式，相信你能做到。你在认真对待这个问题，不然又怎会读这本书呢？

　　其实，不管你是"消化"愤怒还是"发泄"愤怒，不论是学习自信地表达感受和需求，还是学习控制情绪，从中吸取教训……这些都不重要。真正重要的，是自己为愤怒（或其他情绪）买单，而不是一味地责备他人；是重视情感的宣泄，不让别人代劳；是控制情绪，而不是被情绪控制。愤怒及隐藏于愤怒之下的情绪更像是你的导师。侧耳倾听内心和身体的讯息，它们能像罗盘一般指引你的人生。跟内心交流越多，困惑就会越少，越会觉得人生尽在掌握。

　　曾被他人左右的人将开始相信自己也有选择权，从而勇敢走出充满暴力、虐待的关系；那些通过控制他人找到存在感的人会明白，掌控人生的真正体现在于随时洞察自己的情绪，并为其承担责任，而不是指责他人；那些曾害怕表露愤怒的人会发现，越是冒险去感知和表达情绪，这些情绪反而越安全。

同其他所谓的负面情绪一样，愤怒需要从以前的"偷偷摸摸"变成"光明正大"。唯有这样，它才能带给你积极的力量，而不是在体内恶化滋长。不要用愤怒控制别人或惩罚彼此，也不要让自己成为别人愤怒的牺牲品。相反，让愤怒给予你力量，以更坚定的决心为自己、为信念挺身而出，对抗世上所有的不公、虐待和暴行。

若有人试图让你屈服，定要反抗；若孰是孰非并不重要，不妨旁观；若你开始支配别人，请悬崖勒马。

参考文献

未注明出处的引文来自作者的采访。

第一章　这将是你今生最大的改变之一

　　Correctional Service of Canada, *Literature Review on Women's Anger and Other Emotions*, 2001.

　　De Angeles, Tori, "When Anger's a Plus," *APA Monitor*, vol. 34, no. 3, March 2003.

　　Kassinove, Howard, and R. Chip Tafrate, *Anger Management: The Complete Treatment Guidebook for Practice* (Atascadero, CA: Impact, 2002).

　　Simmons, Rachel, *Odd Girl Out: The Hidden Culture of Aggression in Girls* (New York: Harcourt Brace, 2002).

　　Thomas, Sandra P., Anger and its manifestations in women. In Sandra P. Thomas (Ed.), *Women and Anger*, pp. 40–67 (New York: Springer Publishing Company, Inc., 1993).

第二章　确定自己的愤怒方式

Averill, J. R., Studies in anger and aggression: Implications for theories of emotion, *American Psychologist* 38 (1983): 1145–1160.

Dittmann, Melissa, "Anger across the Gender Divide," *APA Monitor*, vol. 34, no. 3, March 2003.

Smith, Deborah, "Angry Thoughts, At-Risk Hearts," *APA Monitor*, vol. 34, no. 3, March 2003.

第三章　找出你的主要愤怒方式

Correctional Service of Canada, *Literature Review on Women's Anger and Other Emotions.*

第四章　变奏曲：二级愤怒模式

Correctional Service of Canada, *Literature Review on Women's Anger and Other Emotions.*

第五章　迈出改变的第一步

Azar, Beth, "A New Stress Paradigm for Women," *APA Monitor*, vol. 31, no. 7, July/ August 2000.

Correctional Service of Canada, *Literature Review on Women's Anger and Other Emotions.*

Lerner, Harriet, *The Dance of Anger: A Woman's Guide to Changing the Patterns of Intimate Relationships* (New York; Harper & Row, 1985).

Nathanson, Donald, *Shame and Pride: Affect, Sex and the Birth of the Self* (New York: W. W. Norton and Company, 1992).

Thomas, Sandra P., Theoretical and empirical perspectives on anger, *Issues in Mental Health Nursing* 11 (1990): 203–216.

第六章　改善 / 改变攻击模式

Correctional Service of Canada, *Literature Review on Women's Anger and Other Emotions.*

Engel, Beverly, *The Emotionally Abusive Relationship* (New York: John Wiley and Sons, 2002).

Gentry, Doyle W., *Anger Free: Ten Basic Steps to Managing Your Anger* (New York: Harper Collins, 1999).

Kawachi, I., et al., A prospective study of anger and coronary heart disease. The Normative Aging Study, *Circulation* 94 (1996): 2090–2095.

Person, Ethel Spector, Introduction. In Robert A. Glick and Steven P. Roose (Eds.), *Rage, Power and Aggression* (New Haven, CT: Yale University Press, 1993).

Tavris, Carol, *Anger: The Misunderstood Emotion* (New York: Simon and Schuster, 1982).

Thomas, Sandra P., Introduction. In Sandra P. Thomas (Ed.), *Women and Anger*, pp. 1–19. (New York: Springer Publishing Company, Inc., 1993).

White, Jacquelyn W., and Robin M. Kowalski, Deconstructing the myth of the nonaggressive woman. *Psychology of Women Quarterly* 18 (1994): 487–508.

Williams, Redford, and Virginia Williams, *Anger Kills: 17 Strategies for Controlling The Hostility That Can Harm Your Health* (New York: Harper Paperbacks, 1993).

第七章　从消极到自信

Engel, Beverly, *Loving Him without Losing You* (New York: John Wiley and Sons, 2000).

Gentry, *Anger Free: Ten Basic Steps to Managing Your Anger.*

Gilligan, Carol, *In a Different Voice: Psychological Theory and Women's Development* (Cambridge, MA: Harvard University Press, 1993).

Lerner, *The Dance of Anger.*

Smith, Jane E., Michael C. Hilliard, Russell A. Walsh, Steven R. Kubacki, and C. D. Morgan, Rorschach assessment of purging and nonpurging bulimics, *Journal of Personality Assessment* 56, 2 (1991): 277–288.

Tavris, *Anger: The Misunderstood Emotion.*

Thomas, *Women and Anger.*

Valentis, Mary, and Anne Devane, *Female Rage.* (New York: Carol Southern Books, 1994).

Woodman, Marion, *The Owl Was a Baker's Daughter: Obesity, Anorexia Nervosa and the Repressed Feminine* (Ontario, Canada: Inner City, 1980).

第八章　从消极攻击型到坚定型

Engel, *The Emotionally Abusive Relationship.*

Engel, Beverly, *The Emotionally Abused Woman* (Los Angeles: Lowell House, 1990).

Wetzler, Scott, *Living with the Passive-Aggressive Man* (New York: Simon and Schuster, 1992).

第九章　改变投射攻击型风格

Scarf, Massie, "Meeting our Opposites in Husbands and Wives" in Connie Zweig, *Meeting the Shadow* (Los Angeles: Jeremy Tarcher, 1991).

第十章　尊重他人的愤怒

Engel, *The Power of Apology*.

Wetzler, *Living with the Passive-Aggressive Man*.

第十一章　超越愤怒

Engel, *The Power of Apology*.

Enright, Robert D., *Exploring Forgiveness* (Wisconsin: University of Wisconsin Press, 1996).

McCullough, Michael E., Steven J. Sandage and Everett L. Worthington, *To Forgive Is Human* (Illinois: InterVarsity Press, 1997).

延伸阅读

愤　怒

Gentry, Doyle W., *Anger-Free: Ten Basic Steps to Managing Your Anger* (New York: HarperCollins, 1999).

Gottlieb, Miriam M., *The Angry Self: A Comprehensive Approach to Anger Management* (Arizona: Zeig, Tucker and Co., 1999).

Harbin, Thomas J., *Beyond Anger: A Guide for Men* (New York: Marlowe and Company, 2000).

Lerner, Harriet Goldhor, *The Dance of Anger: A Woman's Guide to Changing the Patterns of Intimate Relationships* (New York: Harper and Row, 1985).

Tavris, Carol, *Anger: The Misunderstood Emotion* (New York: Simon and Schuster, 1982).

Williams, Redford, and Virginia Williams, *Anger Kills: 17 Strategies for Controlling the Hostility That Can Harm Your Health* (New York: Harper Paperbacks, 1993).

愤怒与儿童

Fried, Suellen, *Bullies and Victims: Helping Your Child Survive the Schoolyard Battlefield* (New York: M. Evans and Co., 1998).

消极型攻击

Wetzler, Scott, *Living with the Passive-Aggressive Man* (New York: Simon and Schuster, 1992).

松弛身心

Davis, Martha, Matthew McKay, and Elizabeth Eshelman, *The Relaxation and Stress Reduction Workbook* (Oakland: New Harbinger, 2000).

Epstein, Robert, *The Big Book of Stress Relief Games* (New York: McGraw-Hill, 2000).

Kabat-Zinn, John, *Wherever You Go, There You Are: Mindfulness Meditations for Everyday Life* (New York: Hyperion, 1995).

Miller, Fred, and Mark Bryan, *How to Calm Down* (New York: Warner Books, 2003).

道 歉

Engel, Beverly, *The Power of Apology: Healing Steps to Transform All Your Relationships* (New York: John Wiley and Sons, 2001).

Tavuchis, Nicholas, *Mea Culpa: A Sociology of Apology and Reconciliation* (California: Stanford University Press, 1991).

共 情

Ciaramicoli, Arthur, and Katherine Ketcham, *The Power of Empathy: A Practical Guide to Creating Intimacy, Self-Understanding, and Lasting Love* (New York: Dutton, 2000).

宽 恕

Enright, Robert D., *Exploring Forgiveness* (Madison, WI: University of Wisconsin Press, 1998).

Klein, Charles, *How to Forgive When You Can't Forget: Healing Our Personal Relationships* (New York: Berkley Publishing Group, 1997).

McCullough, Michael E., Steven J. Sandage, and Everett L. Worthington, *To Forgive Is Human: How to Put Your Past in the Past* (Illinois: InterVarsity Press, 1997).

Safer, Jeanne, *Forgiving and Not Forgiving: A New Approach to Resolving Intimate Betrayal* (New York: Avon, 1999).

Smedes, Lewis B., *Forgive and Forget: Healing the Hurts We Don't Deserve* (San Francisco: Harper and Row, 1984).